天下文化
BELIEVE IN READING

最有生產力的一年

克里斯·貝利 CHRIS BAILEY——著　胡琦君——譯

CONTENTS

目次

各界推薦

克里斯・貝利親身實驗了許多令人卻步的方法，所有你想像到的方法他都試過，試圖從中篩選出有益於生產力的妙方。本書是他全心投入計畫所得出的智慧結論，他以直率和條理分明的文字敘述，讓人讀來輕鬆有趣、又十分受用！

——《搞定！2分鐘輕鬆管理工作與生活》作者大衛・艾倫（David Allen）

克里斯・貝利可能是史上最有生產力的人，你們絕對不會想錯過的。

——TED官方網站

光看這本書的書名，就知道它物超所值。事實上也是如此，短短幾天內就讓人受益良多；你甚至會愛上這段旅程！

——《夠關鍵，公司就不能沒有你》作者賽斯・高汀（Seth Godin）

克里斯．貝利寫了一本終極指南，會讓你的人生從此變彩色。讀了本書以後，你不僅能完成更多事情，還會樂在其中。

——《這一天過得很充實：成功者黃金3時段的運用哲學》作者蘿拉．范德康（Laura Vanderkam）

我們經常流於只做自己習慣做的事，即便此舉並不夠有效率。這本書提供各種提高生產力的完整建議，你將能藉由它們找到並測試出適合自己的有效做事方式。

——正向心理學家暨《紐約時報》暢銷書《哈佛最受歡迎的快樂工作學》作者尚恩．艾科爾（Shawn Achor）

本書寫得很棒、很有趣，同時也非常實用可行。我很喜歡這本書；它是實踐佛教精神的最佳典範！

——暢銷書《UP學：所有經理人相見恨晚的一本書》作者馬歇爾．葛史密斯（Marshall Goldsmith）

克里斯．貝利不僅要讓你變得更有生產力，他還希望你過更好的生活。這本書是一張兩小時的門票，看完之後你不僅會變得更有生產力，還會真正變得幸福。

——《驚嘆之書》（*The Book of Awesome*）作者尼爾．帕斯瑞查（Neil Paricha）

前言

計畫開始

預計閱讀時間：6分41秒

一般人的興趣多半是運動、音樂或烹飪等等，但我的興趣卻異於常人：我對生產力非常痴迷，總是一心想著如何提高效率。

我不記得自己是從什麼時候開始迷上生產力的？或許是在我高中第一次讀到大衛．艾倫（David Allen）的經典著作《搞定！工作效率大師教你：事情再多照樣做好的搞定5步驟》（*Getting Things Done*）時，或許是在我青少年時期大量閱讀生產力部落格之後，又或許是同一時期從我埋首於父母的心理學藏書那時候開始的吧！總之，我迷上生產力將近十年了，而且這段日子以來，我幾乎已經將生產力應用到生活的每個面向！

唸高中時，我開始實驗所學到的各種生產力技巧，使我得以名列全校前5%的優異成績畢業，同時又能為自己空出大量的時間。在進入渥太華卡爾頓大學（Carleton University）就讀商學系之後，我同樣延續高中時期的做法：充分利用我最喜愛的生產力技巧、盡可能花費最少的努力卻保持名列前茅的成績。

在校期間，我有機會在幾個真實世界的全職帶薪實習工作上，實驗各種生產力技巧。其中包括在某家全球電信公司長達一年、獨當一面招聘約200名學生的工作，以及一個替全球行銷團隊創作行銷素材、協調全世界各地拍攝宣傳片的在家工作。

由於我的努力（以及生產力），學校頒發給我「年度最佳實習生」的獎項，而且我大學一畢業，就得到兩個全職的工作機會。

生產力的意義所在

我之所以說出這些成就，為的不是讓你們對我這個人印象深刻，而是要讓你們對生產力的威力留下深刻的印象。就像我時常這麼想：我之所以能在畢業前夕拿到兩個全職工作機會，不是因為我特別聰明或是天賦異稟；只是因為我清楚知道如何更有效率地做事，使得我每天完成的事情比別人多。

雖說那些工作和學校生活都十分有趣；然而，到最後讓我真正感到無比興奮的，其實是自己有機會藉由這兩個環境，篩選出好的生產力技巧，把不好的淘汰掉。

要想知道投入生產力能對你產生多大影響，只需就近看看美國一般大眾是如何度過每一天的。根據最新的「美國時間利用調查」（American Time Use Survey）顯示，介於25至54歲、家中有小孩的普通上班族，每天的時間運用情形為：

- 8.7小時工作。
- 7.7小時睡覺。

- 1.1小時做家務。
- 1.0小時飲食。
- 1.3小時人際。
- 1.7小時「其他」。
- **2.5小時從事休閒活動**。

每一天，我們都有24小時的時間，過有意義的生活。然而，你我都有許多應盡的義務，它們占去我們大部分的時間，剩下來的時間便寥寥無幾：精確地說，大多數人就只剩下那微不足道的「兩個半小時」。我把這些數字轉換成圓餅圖，從下圖中能更清楚看出，我們一天可用的時間是多麼稀少：

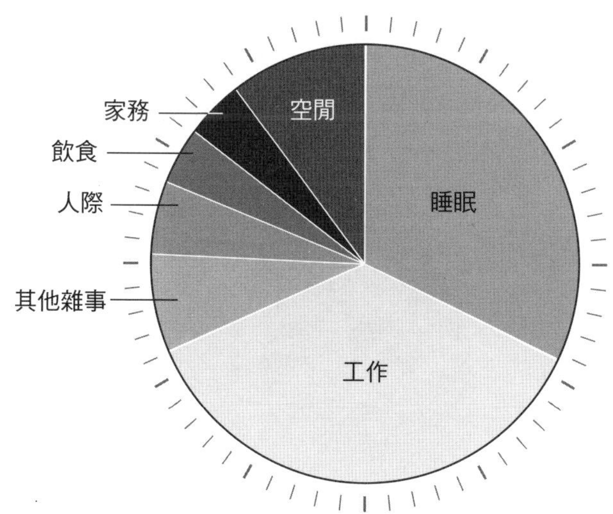

這時就得靠生產力幫忙解圍了。我認為，生產力技巧存在的目的，是為了幫助你用較少的時間，完成你所有必須做的事情，

好讓你空出更多的時間，追尋人生中真正重要、有意義的事情。一個人有沒有生產力，決定了他會成為一家公司的經營者，還是為這間公司打拚的員工。同樣地，一個人有沒有生產力，也決定了他在一天結束時會是耗盡時間和體力，還是會剩下大把時間和精力，隨意投入到任何想要的事物上。

當然，你可以盡情利用本書的各種技巧。我的方法向來能夠達到兩者兼顧的完美平衡：一方面空出更多的時間和精力，留給對自己有意義的事；一方面又能完成更多事情。這種方法剛好符合我的思維模式：我喜歡做新奇有趣的事情，但我也想要享有隨心所欲支配時間的自由。

當你把時間投資在生產力，並運用所學技巧創造更多的時間，進而投入對你最有意義的事情上，那麼你平常的日子極有可能如下圖所示：

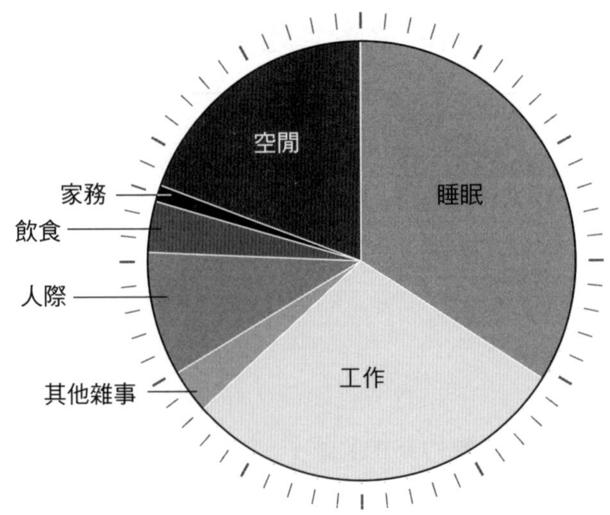

至少，這是我個人歷經十年密集生產力實驗所獲得的成果。

生產力的一年

我當時陷入兩難，不知如何決定：眼下這兩個工作都提供我優渥的起薪、承諾我晉升發展的機會，而且看起來都很有趣。然而，在深入探索之後，我意識到這兩份工作都不是我人生真正想做的事。

別誤會我的意思，我不是那種被寵壞的紈褲子弟、成天吟誦18世紀的法文詩句假裝清高。我只是不想把自己有限的時間投入一個巨大的黑洞，而這個黑洞除了每雙週五會發一次薪水，其他什麼都給不了我。

於是，我開始考慮手邊的其他選項。突然之間，一切都水到渠成。

在1960和1970年代期間，加州大學爾灣分校等多間大學決定，建造校園時先不鋪設步道。（雖然我是在加拿大上大學的，但我很喜歡這個故事。）學生和教職員工可以隨心所欲地漫步於校園建築物周邊的草地上，不必走在某條事先鋪設好的步道上。大約一年過後，待校方看出建築物周邊草地上的明顯踩踏痕跡後，再於上面鋪設步道。換句話說，在加州大學爾灣分校裡，通往各建築物的步道，並非單純以事先定案的方式鋪設，而是遵循人們自然的行走喜好所規畫。景觀設計師稱這些步道為「期望路線」（desire path）。

同樣地，當我開始質疑眼前這兩條傳統道路時，我想到的是我已經走出明顯痕跡、而且還想繼續走下去的那些人生道路。才不過短短幾秒鐘，我便清楚看到自己最熱愛的東西是生產力。

然而，我知道自己不可能一輩子都在探索生產力的課題。我畢業當時，手頭大約有將近10,000加幣的儲蓄（這簡直跟有30美元或1,500大富翁幣一樣微不足道）。我計算了一下，發現這筆錢足以讓我繼續在自己的期望路線上再走一年，或更準確的說法是：讓我有一年的時間專心探索生產力的課題。不過，我還有19,000加幣的學生貸款，因此這將是一場賭局。這意味著未來一年內，我得以豆子和米為主食。但話說回來，若我的人生有哪個時期值得為未來下一場大賭注，那時肯定是最佳時機。當然，這種一年計畫的想法是有那麼一點老套，但我的狀況是，預算就只有那麼多：我的錢剛好夠我探索生產力一年呀！

在我於2013年5月畢業後不久，我正式拒絕那兩份全職的工作機會，並開始我的計畫，名為「最有生產力的一年」（A Year of Productivity，以下簡稱AYOP）。

這個計畫背後的想法很簡單：在這一整年裡，我會大量閱讀所有能蒐集到的生產力相關資訊，並在我的網站（ayearofproductivity.com）寫下學習心得。

在這365天裡，我將：

- 盡可能閱讀所有生產力相關書籍和學術期刊文章，深入探討這個課題的知名研究。
- 採訪生產力大師，瞭解他們是如何有效率地度過每一天。
- 把自己當成白老鼠，進行各種生產力實驗，進而找出提高生產力的各種方法。

雖然我大多數時間都花在探索提升生產力的研究和採訪，但我的生產力實驗很快就成為計畫裡的最大亮點：一部分是因為我從當中學到許多獨特的教訓，另一部分則是因為，當中有許多實驗都太無厘頭了。我的生產力實驗包括：

- 一週冥想35小時。
- 一週工作90小時。
- 每天早上5:30起床，測試早起對生產力的影響。
- 一週觀看70小時的TED演講。
- 增加5公斤的淨肌肉量。
- 完全與外界隔離的生活。
- 一整個月只喝水，不喝其他飲料。

……還有很多很多。

AYOP是個非常理想的框架，讓我得以盡情試驗任何一個我感興趣、但先前無暇探索或實驗的生產力技巧。這個計畫的目的，是在一年內盡可能深入探討生產力，然後與全世界分享我學到的所有經驗。

關於本書

本書是我一年來密集研究與實驗的精彩結晶。過去十年中，我已經閱讀、研究，並測試過成千上萬種生產力招數，從中篩選出有用的生產力技巧。在本書裡，我會從所知的上千項生產力方法，精選出對你日常生活影響最大的25項技巧。本書列出的每一項技巧，我都親自試驗過、且經常使用，我相信它們一定也能幫助你。

在接下來各章節裡，我將會一一呈現這些生產力技巧，讓你能夠：

- 辨識出工作中不可或缺的任務。
- 更有效地做好這些任務。
- 像忍者一樣管理好你的時間。
- 戒掉拖延惡習。
- 聰明工作，不再白忙一場。
- 培養出心無旁騖的專注力。
- 一整天都保持禪定般的清晰思維。
- 擁有過去從未有過的豐沛精力。
- 還有更多的事！

如果上述這一串清單嚇著你了，別擔心！它們一點都不難，我們將會在接下來的章節裡一舉搞定。

準備好了嗎？讓我們開始吧！

預計閱讀時間：9分13秒

生產力的全新定義

抱持著「再怎麼古怪的實驗也絕不退縮」的態度，我在七年前左右報名了為期四個月的瑜伽課程。

當時，外面一堂瑜伽課的收費就高達25加幣；因此，當我就讀的大學推出為期四個月、僅收費60加幣的優惠課程時，我立即報名了。在那時候，瑜伽給我的感覺就只是一窩蜂的流行；不過，看在幾乎所有我認識的美女都報名的份上，我決定嘗試一下。

然而，學期開始之後，我發現自己愈來愈期待星期四晚上的瑜伽課（令我驚訝的是，不再只是因為期待看到美女，更多的是期待課程本身）。這門課跟我習慣的緊湊忙碌生活完全相反，而且，它使我放慢腳步，讓我真切領會到生產力帶給我的種種成果。

我最喜歡這門課的原因之一，在於它結束的方式。在老師結束課程、放我們回到忙碌大學生活中繼續奮戰之前，她會進行一段簡單的呼吸冥想，引導我們回歸當下並覺察自己的呼吸。

這段冥想雖然只有短短5分鐘，但我至今仍記得它對我的幫助。比起我之前試過的任何方法，冥想更能讓我感覺到平靜、清醒和放鬆。

關於生產力的冥想

隨著大學時光的流逝，我對冥想的喜愛日益加深。而我也愈來愈投入這個儀式：從一開始的每天冥想5分鐘，到10分鐘、15分鐘、20分鐘，最後我已養成每天冥想30分鐘的習慣。與大多數人相比，我冥想的時間較長；我之所以選擇冥想，而不是做其他（更有「生產力」）的事情，單純只是因為我太喜歡它了。

許多人把冥想想得過於複雜，但實際上它一點都不複雜，基本上，我就是單純地坐在椅子或墊子上（通常穿著上班的衣服），觀察自己的呼吸起落。我不太採取唱誦，或是專注自己的「第三隻眼」（你大概懂就好了，別管它究竟是什麼）這類儀式。我只是專注在呼吸上整整30分鐘。期間心思難免會飄離我的呼吸，轉移到更有趣的事物上；此時，我會把注意力慢慢拉回到呼吸上。然後，我會繼續冥想、覺察呼吸的自然起落，直到30分鐘的定時響起。有時這過程不免讓人受挫，但隨著時間的推移，冥想儼然已成為我一天中最平靜的時光。

在過去幾年間，除了更深入探索冥想之外，我同樣也持續研究生產力。每當我無法盡全力高效工作時，總會鑽研相關書籍，設法學習提高效率的方法、找出最新的生產力招數，並且大量閱讀所有我關注的生產力部落格和網站。在我發現這兩樣興趣相得益彰、且如雪球般愈滾愈大時，我決定開始「最有生產力的一年」計畫。

在那之前，我從未認真想過冥想和生產力之間的關聯性。但當我審視生產力在自己人生各面向所扮演的角色後，最終得出一個驚人的結論：我的冥想儀式和即將推出的一年生產力實驗，是完全不搭軋的兩件事。

問題不在於冥想儀式本身，而在於我對它背後思維的理解。我把冥想和正念當成「少做」、「放慢腳步」的方式，但對於生產力，我則把它視為「多做」、「加快腳步」的方式。在我計畫開始的頭幾個月裡，我甚至對自己的冥想儀式充滿罪惡感。照理說，我不是應該利用這段時間完成實質的工作嗎？而不是坐在那裡冥想半小時、什麼事都不做！

當我必須在多做30分鐘的工作，還是冥想30分鐘之間抉擇時，我幾乎總是選擇工作，利用這些時間多做一些事情，而不是冥想。

到最後，我計畫中有幾個月是完全不做冥想的。

以「自動駕駛模式」工作

在那之後的幾個星期裡，我工作的方式開始變得完全不同。我不再像之前頻繁休息，退一步檢視我的計畫，而是頂著疲倦乏力的身心不停地工作，試著多寫作、多做實驗，愈多愈好。當我開始以更匆忙的步伐工作後，我覺得一整天下來已不再像先前那樣平靜和專注。我的頭腦不再那麼清醒，我對自己所做的事情也不再感到興奮——即使我做的工作是我的最愛。最糟的是，我做事情變得不像從前那麼嚴謹，而是更常啟動「自動駕駛」的工作模式。因為上述種種情況，我的生產力大幅降低（關於我如何測量計畫中的生產力，會在第2章詳述）。

這當然不是一本關於冥想的書；我知道並不是每個人都對冥想感興趣。事實上，以我的猜測，你們當中只會有一小部分人願意嘗試。然而，我認為有必要說明冥想背後的思維模式，因為它可以幫助你放慢腳步，一整天都能平心靜氣、謹慎周延地處事。

冥想之所以對我的生產力帶來巨大的影響，不是因為它讓我在漫長的一天後得以放鬆、腦袋清空，並減輕壓力（它確實有這些效果）。而是因為它令我放慢腳步、慢到足以讓我從容謹慎地處事，而非啟動自動駕駛模式。我認為，人們在努力提高生產力的過程中，常會犯一個很大的錯誤，那就是持續「自動化」工作：眼前有什麼任務就做什麼，絲毫不假思索。可是我發現，當你以自動駕駛模式做事時，你幾乎無法從工作中抽離、退一步看清什麼事才重要、怎樣才能創新思維、如何才能更聰明地工作（而非只是加倍努力），以及如何掌控你眼前的工作——而不是全盤接收別人丟給你的工作（大多數情況下，這指的是電子郵件）。

在我停止每天冥想的習慣後，我工作起來變得更像拚命三郎、不再那麼從容嚴謹，這使得我無法更聰明地工作。如此一來，也使得我先前努力獲取的成果全都泡湯。

和尚及古柯鹼成癮的股票交易員

當然，並非每個人做事時都同樣謹慎用心。打個比方說，世上最虔誠的和尚成天都在冥想，他一天只花一小時做其他事情，因為他希望慢慢做、充滿正念地做。這位和尚的動作慢得跟蝸牛一樣，他盡可能做得少、盡量以最從容嚴謹的方式去做，並且做得有意義。

與這位和尚完全相反的，是古柯鹼成癮的股票交易員，他做事飛快、自動化、以快打旋風般的瘋狂速度工作。跟和尚不同的是，股票交易員不會經常從工作中抽離，退一步思索工作的價值和意義；他只是努力做得愈多愈好、愈快愈好。由於他做事如此飛快，以至於絲毫沒有任何空餘的時間或心力從容慎重地行事。

和尚與股票交易員這兩種做事步調我都已實驗過了（但沒有吸食古柯鹼），我發現兩者對提升生產力來說都不是理想的好方法。冥想一整天可能會帶給你內心的平靜；成天以瘋狂的速度工作，可能會帶給你許多刺激。**但生產力跟你「做」多少無關，它只跟你「成就」多少有關。**無論你是和尚或是古柯鹼成癮的股票交易員，你都不會成就太多。當你像和尚一樣工作時，工作速度太慢，幾乎完成不了什麼事情。當你像股票交易員一樣工作時，則會因為太過急促、無法退一步看清什麼是重要的事，以至於無法更聰明地工作，甚至白忙一場。

最具生產力的人，工作速度介於和尚和股票交易員之間：速度快到足以完成每件事，同時又慢到足以讓自己辨識最重要的事，然後從容不迫且用心地執行。

生產力三大要素

雖說在今日，以自動駕駛模式工作不可能讓人變得更有效率，但在過去並非如此。

50年前，全美大約有三分之一的受薪階級都是在工廠工作。在當時，生產力這事簡單多了：在同樣時間內，你能產出的小零件愈多，你就比別人更有效率、更具生產力。你的工作不會有太大變化，也幾乎沒有空間讓你以更聰明的方式工作。再者，你做的工作內容，或是工作的時間，幾乎毫無自由決定的權利。

如今，許多人仍然在工廠工作，或是從事工廠類型的工作。但如果你會選擇讀這本書，你從事的應該不是這類工作。你從事的多半牽涉到更多知識取向、更為複雜且日新月異的工作；而且你比以往任何時候擁有更多的自由，能選擇自己想要做什麼，以及何時去做。你可能沒有完全控制工作內容的自由，但你肯定比半世紀前那些在工廠、或生產線上工作的人擁有更多的掌控權。

在今日大多數工作裡（包括我做過的工作，以及本書裡我曾經採訪過高績效人士的工作），光有效能已經不夠了。當你有比以往更多的事情要做、時間更少，但你做事的方法卻有著前所未有的自由度和靈活性時，生產力指的不再是你的工作效能。此時，**生產力指的是你「成就」了多少。**

這代表著你需要比以往任何時候更聰明地工作，以及更有效管理你的時間、專注力和精力。

在我的計畫快結束前的某一天，我突然頓悟到一點：我所學到的每段經驗，都與三項元素的優質管理有關，亦即時間、專注力，以及精力。

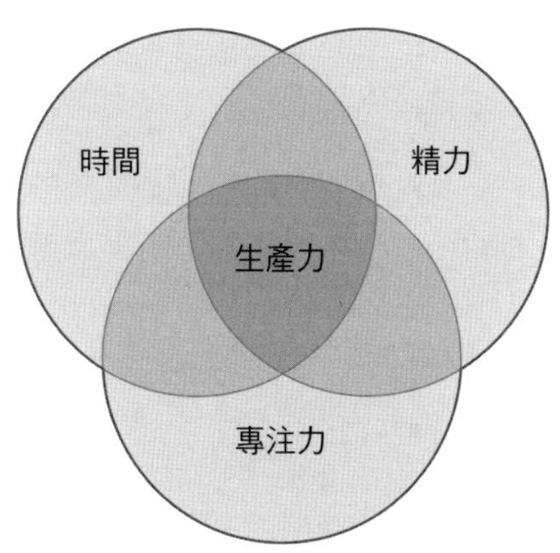

倘若你在工廠裡工作，有效管理專注力和精力並非那麼重要；因為簡單、重複性的工作不需要太多專注力或精力，你只需要管理好時間就行了。所以說，如果九點上班，好好工作八小時，五點下班，你便會拿到應得的工資，過著相對幸福的生活。

然而，今日情況大不相同。我們有著比以往任何時候更多的事必須完成，周遭令我們分心的事物排山倒海而來，緊張和壓力從四面八方襲擊，下班後回家還得繼續工作。劫持我們專注力的響鈴和提示成天如影隨形，而且我們比先前任何時候更無暇去做一些養精蓄銳的事情（例如運動、均衡飲食，以及充足睡眠等等）。

在這樣全新的環境裡，最有生產力的人不僅要管理好自己的時間，還得管理好專注力和精力。

這三大要素都至關重要。倘若你不把時間花在刀口上，即便有再多的精力和專注力也沒用；因為當一天結束時，你完成的事情一定不會太多。倘若你無法集中心力、無法專注在你所做的事情上，就算你很清楚自己該完成哪些有意義的工作，就算你有取之不竭的精力，你還是無法全心投入工作，也就無從變得更有生產力。倘若你無法管理好精力，即使能管理好自己的時間和專注力也是枉然，因為油箱裡的燃料不夠，不足以讓你完成想做的每一件事。

或許最重要的是，倘若你不能管理好時間、專注力和精力這三大元素，那麼你幾乎不可能謹慎用心地工作一整天。

一旦我們浪費時間，就會拖延。一旦我們管理不好自己的專注力，就會分心。再者，一旦我們不再強化精力水準，我們會疲憊，或是產生「過勞」（burnout）。

在接下來的章節裡，我會分享自己在過去十年間，因為實驗生產力所歸納出來、最有效的時間管理技巧。同時，我也會花相當多的篇幅，談論專注力與精力的最佳管理方法。我們多數人都不再在工廠工作，生產力也不再是依據我們「做了多少」，而是「成就了多少」，因此，這三大元素至關重要。

正是由於這樣的生產力新思維與新定義，本書才會應運而生。

今日，我們對自身工作的掌控權，比以往任何時候都還要大，工作份量也比過往任何時候更多。因此，最好的起始點，是先確立值得投注生產力的關鍵事項。假如你不先辨識出哪些事情對自己最有價值、最有意義，就算你投注再多努力，管理好自己時間、專注力和精力都是徒勞。

不幸的是，我自己也是一路跌跌撞撞，才終於明白這個道理。

| 1 |

奠定基礎

第1章

從哪裡開始

重點帶著走：人人都喜歡「提高生產力、人生變得積極正面」的想法。但實際上，兩者都很難做到。因此，你想要提升生產力的背後原因一定要夠深刻、夠有意義，才能支撐你不忘初衷、一路長遠地走下去。

預計閱讀時間：8分40秒

美夢成真

在每一章開始前，我都會列出一個「重點帶著走」的單元，簡要提示該章節的主旨，好讓你心裡先有個底。同時，我還根據一般人每分鐘閱讀250字的平均速度，估算出你讀完各章所需花費的時間。

打從我有記憶以來，便一直夢想要成為一個早起的人。在開始計畫之前，我經常會幻想自己在五點半鬧鐘響起前幾分鐘就自然醒來，隨即跳下床為自己準備一杯每天早上必喝的咖啡，查看前晚一整夜發生的新聞，接著冥想，然後在整個世界甦醒之前外出晨跑。在我的白日夢裡，我還幻想著醒來時蜜拉．庫妮絲（Mila Kunis，美國影星）就睡在我身旁——不過這等我出下一本書再說吧！

我只想說，在我開始「最有生產力的一年」計畫之初，便下定決心每天早上要在五點半醒來——即便這一整年裡我每天早上都在天人交戰。

計畫開始之前，由於我對生產力極其痴迷，因此不論白天或晚上總是排滿例行公事，而這非常不利於我維持每天早起的習慣。在完成一天工作之後（自然是盡可能超高效率），我常會變得沒什麼時間概念，要不跟朋友外出聚會，不然就是掛在網上觀看宇宙學的講座，直到耗掉一整晚的時間或精力。雖然我喜愛早起的想法，但是要養成早起的習慣，意味著我必須徹底改變夜間和早晨的例行公事，而感覺上我很難做到。

在我這一年計畫裡，所有生產力實驗當中，最難做到的首推五點半早起這一樁。起初，我發現九點半上床的目標總是來得太快，轉眼之間就到了該睡覺的時間，而我往往不得不做出選擇：提早把事情告一段落，留下一堆未完的待辦事情；還是晚一點上床，等全部事情做完後再睡。我有時發現，自己就寢的時間正好是我精力最旺盛、專注力和創造力最強的時候（我骨子裡就是個夜貓子）。此時，我便決定晚一點再睡。再說，當我完成一天的研究和寫作之後，我也想跟朋友或女朋友聚聚；若是我早睡的話，這些都不可能做到。

在經歷大約六個月、為了早起調整無數個生活習慣之後，我終於找到一套適合自己的全新晨起儀式：我會獎勵自己的早起（第13章）、每晚八點到隔天早上八點關閉所有電子設備（第19章）、中午不再喝含咖啡因飲料（第23章），同時給自己幾個月逐步提前就寢時間的緩衝期（第25章）。稍後我會再詳細解釋這些技巧；總之，在幾個讓我費盡辛苦才終於學到寶貴教訓的實驗裡，「早起」絕對榜上有名。

儘管如此，我還是在六個月內做到了：好幾個星期以來，每個工作日早上五點半我就能起床，並已習慣這全新的清晨儀式。這個儀式正好符合我心中對於生產力生活的夢想，它的流程如下：

- 5：30～6：00：醒來；準備並飲用咖啡。
- 6：00～7：15：走路到健身房；一邊健身、一邊規畫一整天的行程。
- 7：15～8：15：做一頓豐盛、營養的早餐；淋浴；冥想。
- 8：15：重新連接上網（歷經一整夜的關機儀式之後）。
- 8：15～9：00：閱讀。
- 9：00～：開始工作。

隨後幾個月我一直持續這個儀式，每天晚上八點虔敬地關掉我的電子設備、九點半上床、隔天五點半準時起床。非常佩服自己，也為自己的努力感到開心。直到在某個星期一早晨，我突然意識到一件事，使我不想再繼續下去，那就是：我真的超級討厭早睡早起。

最初對於新習慣的興奮感消退之後，我發現愈來愈受不了自己只是因為要早起，就得拒絕跟朋友小聚的邀約。我再也無法忍受明明「狀態良好」，卻因為夜深了就得暫停工作。每天早上，我發現自己在起床後一、兩個小時內，都覺得頭昏腦脹的。我還發現自己比較喜歡晚一點冥想、健身、閱讀，以及規畫一天行程，因為那時候我有較多的精力和專注力。

最糟的是，這個儀式並未讓我更有生產力。自從有了新習慣後，我發現自己完成當日預定工作的頻率大幅降低，每天平均寫作字數變少，而且一整天的精力和專注力不如從前。經過一番研究之後，我發現一個人的社經地位高低，跟他是否早起還是夜貓子，一點關聯都沒有。每個人的生理結構本來就不一樣，沒有一定哪個習慣就特別好。那時候我發現，決定你有無生產力的關鍵，其實在於你清醒的時候做了什麼（我會在第25章再詳述）。

縱然我非常喜歡早起的這個念頭，但在實際生活中，我還是更喜歡晚起。

找出提升生產力背後的目的

我認為，生產力本身也一樣：每個人都喜歡「做更多事情、人生變得正面積極」的想法；但在實際生活中，一個人要變得更有生產力絕非易事。如果很容易，我就不需投入一年的人生來探討這個話題，而且本書也沒有存在的必要。

雖然我從這一年生產力實驗裡學到非常多的經驗，**但當中最大的收穫或許是我發現到，「深入探索自己想要提高生產力背後的真正原因」至關重要。**

當我為了每天五點半早起，努力大幅改動晨間和夜間例行公事時，我並沒有深入細究自己是否真的想要早點起床。我只是沉迷於成為「生產力達人」的美好幻想裡，想像自己在其他人都還在熟睡時就已起身，做的事情比其他所有人都還要多。至於要怎樣落實到現實生活裡，我並沒有考慮太多，也沒有深入探索，自己究竟要從這個習慣達到哪些更深層的改變。

能否每天從容嚴謹且意志堅定地做事，決定生產力的高低。不過，找出背後的深層意義也同等重要。你行動背後的意圖就像是連接箭頭的箭桿，若你不深入探索自己內心深處為何想要完成某一件事，便很難日復一日提升自己的生產力。這個生產力觀點是本書截至目前為止最不迷人的忠告了，但它應該是最重要的。若是你不在乎自己究竟想做出什麼改變，就算你投入無數的時間提高生產力，或是培養新的習慣，都是徒勞；因為你不會有動力長久維持這些改變。

迷人的價值

過去十年間，我之所以不斷研究探索生產力，是因為生產力與我內心深處看重的許多事情密切關聯：效率、意義、掌控、紀律、成長、自由、學習、有條不紊；這些價值驅使著我，讓我甘願花費那麼多空閒時間閱讀，並搜尋網上科普講座。

至於每天早上五點半起床？我並沒那麼甘願。

在我之前，已經有太多人寫過「依照自己的價值觀行事」之類的書，而且說實話，每當讀到那些與價值觀有關的文字，我幾乎總是闔上書，或者直接跳到下一段。與蜜拉·庫妮絲不同的是，價值觀什麼都好，就是一點也不迷人。然而，當你企圖做出人生重大改變時，它們卻是最值得深思的。如果當初我能夠花短短幾分鐘、思索早起與我內心深處在乎的價值有何關聯的話（事實上毫無關聯），我就不必白白浪費好幾個月天人交戰，我可以拿同樣的時間去做其他更具生產力的事情。總之，不妨自問為何想要改變人生。倘若不是真心想改變，一開始就別走上這條冤枉路，這將會為你省下無數個小時、甚至無數個日子。

起身實踐

我知道現在的你安住在「閱讀模式」，並不急著停止閱讀，或馬上進行一項挑戰——儘管這樣做會讓你的生產力大大提升。

不過，知與行之間的跳躍，正是生產力的主要精髓。

讓我們稍微從「閱讀」過渡到「實做」，嘗試本書的第一個生產力挑戰。別擔心，這比你想像的還要容易：本書裡大部分的挑戰都花不到你十分鐘的時間，而你所需要的只是一支筆和一、兩張紙。並非每一章都附有挑戰，唯有在我認為它們值得你花費時間去做時，我才會安排挑戰。我知道時間是最寶貴、且最有限的資源，我保證一丁點都不會浪費。對於你在這些挑戰上面所花的每一分鐘，我保證你會得到至少十倍的回饋。

準備好開始了嗎？

先去拿支筆和紙，然後翻到下一頁。

挑戰

價值觀

所需時間：7分鐘

所需精力／專注力：6/10

價值：8/10

樂趣：3/10

你會從中得到什麼：發掘出你想要提升生產力更深層的理由。如果你正利用本書的技巧提高效率，那麼光是關注你所在意的生產力目標，就可能為你省下無數的時間。如此一來，這項挑戰的回報可說是非常大。

我知道，如果我只是建議你列出內心深處的價值觀，再據以制定出一套行動計畫，你應該會立刻放下我的書、上亞馬遜網站寫負面書評，不然就是直接跳過這一段，繼續看我還能變出什麼其他的生產力花招。

基於這個考量，我採用不同的方式：在此我挑選出幾個非常簡單的問題，供你自我評估，這在我自我審視新習慣時很有幫助。本書裡的每一項挑戰我都親自做過，我可以保證它們的成效——真的非常有用！我可不是隨隨便便找幾個問題來浪費你的時間。讓我們開始吧！

- 想像一下：由於你採用本書的技巧奏效，每天多出兩小時的空閒時間。你會如何利用這段時間？你會做哪些新的事情？你會花更多時間在哪些事情上？
- 在拿起這本書時，你心中有哪些生產力目標，或是有什麼想要培養的新習慣或儀式呢？

以下提供一些關於價值觀與目標的重要問題，需要你好好思考。

- 往深層發掘：問問自己，在你深植內心的價值觀中，有哪些與你的生產力目標有關？你為什麼想要提高生產力？假如你發現這當中有許多你珍視的價值觀（如：意義、社會、人際關係、自由、學習等），那麼你的目標極有可能符合你內心深處的期望，這項改變或許值得付諸實現。如果你發現自己在這項練習中始終顧左右而言他，也許某個特定的改變或目標並不符合你的價值觀，它對你應該不是真的那麼重要。〔開始之前，可先上Google搜尋「價值觀量表」（list of values）做為參考。〕
- 如果思索價值觀對你來說壓力太大，不妨利用以下填空的方式，檢視每一個你想要達成的改變：

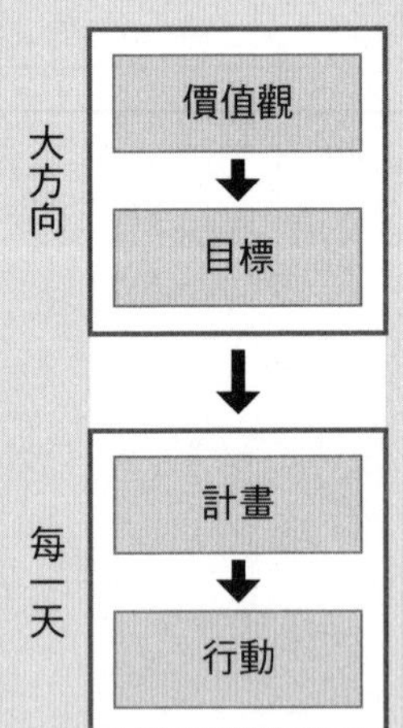

我真心想要做這個改變，因為＿＿＿＿＿＿＿＿＿＿。
盡可能寫出多一點原因，方便你判斷自己是否打從內心深處想要改變。

- 要想判斷某個改變是否對你深具意義，還有一個超快的捷徑：把時空快轉到即將臨終的那一刻，問問自己：我會後悔自己多做，或是少做這件事嗎？

我相信，提高生產力的關鍵，在於創造出更多時間，讓你有餘裕進行實際上對自己有意義的事情。

然而，任務和承諾之所以重要，不光是因為它們對你有意義。之所以珍貴，更多的是因為它們對你的工作有重大的影響。

第2章

並非每件事都同等重要

重點帶著走：並非每件事都同等重要；在你的工作裡，做某些事情的投資報酬率，一定會比其他事情高。你花在這些事情的每分每秒，都是加倍值得。一旦你後退一步、認清工作中哪些事情對你影響最大，便能把時間、專注力和精力投注在對的事情上面。

預計閱讀時間：9分47秒

冥想三十五個小時

當我放棄冥想練習後，過了好一陣子才明白，放慢腳步、深思熟慮地做事有多麼重要，只是當時已白走了好多冤枉路。所以，我決定做一個實驗，測試看看冥想與放慢腳步究竟要做到什麼程度，才會對我的工作效率有所影響。在我設計的這個實驗裡，我要在六天內冥想長達35個小時。

以我豐富的冥想經驗，長時間冥想對我來說並不陌生。在實驗前，我已有多年的冥想習慣——每天冥想30分鐘，而且我每週會到佛教禪修團體練習冥想，偶爾會參加禪修營，在那裡不僅要禁語好多天，每天還要跟同修一起打坐五、六個小時。

不過，一週冥想35小時，對我們的老朋友（先前那位經驗豐富、每天只需要一小時做事情的和尚）來說，都算太多了。之所以沒打退堂鼓，是因為我太好奇測試的結果。為了讓事情更有趣味，那整個星期裡我還是會照常做一些簡單的家務和工作，只不過是以正念覺知的態度去做。

進行實驗的過程中，每當不在冥想時，我都會盡力保持高效率，因此可以看出日常生活裡的冥想，對我的精力、專注力和生產力產生什麼影響。

像記流水帳一樣，我記錄下這六天的冥想實況，如下所示：

- 14.3小時坐著冥想。
- 8.5小時走路冥想。
- 6.2小時正念覺知地做家事。
- 6小時正念覺知地飲食。

測量生產力

在這個計畫裡，非常有趣的一點是，它本質上就是一個循環。從某種程度來說，有生產力地研究生產力，就像在寫關於寫作的事情。但首先，「最有生產力的一年」是一項研究計畫，而且對我來說，高生產力的一天意味著盡可能充實地學習，同時將我所學到的，全數分享給我部落格的讀者，讓他們也變得更有效率。

在我開始「最有生產力的一年」計畫時，我在自己網站（http://alifeofproductivity.com/statistics）上設計一個別出心裁的登錄頁面，上面可以看到我即時更新的一些表格，如實記錄著我每天寫了多少字、看了多少頁文章，以及做了多少小時的工作（如今仍然在即時更新）。我之所以呈現這些圖表，背後的理由很簡單：我寫作和閱讀得愈多，表示我愈具生產力。

不過，這些數字有個問題——你可能已經猜到了，那就是它們只呈現出故事的一小部分。如果我工作一天下來，寫出一千個字，光看這個數字，我可能會被認為具有生產力。但是，如果我原訂計畫寫2,000字，卻只寫出1,000字呢？要是我無法集中精神一整天，而浪費好幾小時在「網飛」（Netflix）上觀看烹飪節目呢？若是一天結束時，我整個人精疲力竭呢？假如這一千個字全是無用的廢話呢？林肯的《蓋茲堡演說》（*Gettysburg Address*）也不過才272個字呀！

在我計畫的頭一、兩個月裡，便發現自己網站上這個數據頁面的錯誤，我認為這也是一般人對生產力常犯的錯誤認知。當我那麼做，無啻回復到工廠工作的心態，把生產力和效能劃上等號，而不再用成就的多寡來評估生產力。一旦我拋開這種工廠工作的心態，轉而專注在自己達成多少成就上面之後，我的生產力便直衝雲霄。

我認為，衡量生產力最好的方法，就是在每天結束時，自問一個很簡單的問題：我完成多少原訂計畫做的事情？當你做完原訂計畫的事情，表示你很清楚自己的生產力目標、並按部就班加以完成，在我看來這才有生產力。

如果一天開始之初，你打算寫出一千字很棒的內容，而且做到了，那麼你就是有生產力。

如果你預計完成一篇工作報告、在一場工作面試裡表現傑出，以及花時間陪伴家人，而且做到的話，那麼同樣地，你的生產力就是滿分。

如果你打算放鬆一天，而且擁有一整年以來最悠閒的一天，那麼你可說極具生產力。

計畫和謹慎如同硬幣的兩面，我認為，若想要有更具生產力的生活，兩者皆不可或缺。自問是否完成原訂打算要做的事情，只是我在一年計畫中測試生產力成效的兩個方法之一。

至於第二個方法，則是觀察各項新實驗或生產力技巧，對於我管理生產力三大元素的能力有多大的影響：

- **時間**：我觀察自己如何明智運用時間、一天當中做完多少事情、寫完或讀完多少字數和頁數，以及拖延的頻率有多高。
- **專注力**：我觀察自己專注在哪些事情上、專注力是否集中，以及是否常會分心。
- **精力**：我仔細觀察自己的動力、積極度與整體的精力，監測自己的能量在各個實驗過程中的高低波動。

當然，比起我完成多少原訂計畫，這些測量變數更為主觀。生產力實驗引發我進一步的探究，因為我發現到不同的實驗對於我運用時間、專注力和精力的方式，有著不同程度的影響。

聰明工作

雖說我的冥想實驗比之前試過的任何方法都還有效，大大提高我的專注力，但它還有另外一個效用是我始料未及的：它讓我更有效管理自己的時間。這是因為冥想實驗使我更容易辨識出最重要的事情，因此得以更加聰明的工作，而非只是一味地埋頭苦幹。

我之所以在這個實驗過程裡，發現聰明工作變得更加容易，並不是因為冥想本身；單純只是因為我那一週可以完成工作的時間實在太少。在實驗過程中，我依舊盡可能地多寫文章、多閱讀。但由於我只有這麼短的時間進行，因此時常不得不暫停手邊的工作，退一步思索我所寫的東西是否真的重要、是否值得我繼續寫下去。（類似的情況發生在另一個「每週工作90小時」的實驗上。）

於是，這成為我眾多事後諸葛的一個頓悟：**並非每件事都同等重要**。換句話說，在你的工作裡，明明花費的時間都一樣，但某些事情就是比其他事情讓你獲致更多成就。無論你在哪裡工作、做什麼樣的工作，事實就是如此。

舉例來說，像這類事情：

- 做好一週的規畫。
- 指導新進員工。
- 投資在自己的學習上。

- 推掉無主題的會議。
- 盡可能推掉徒勞無功的工作。
- 安排重複性的工作自動完成。
- 觀看可愛動物寶寶的照片（在第26章會有更詳盡的說明）。

明明花一樣的時間，但你做上述事情所獲致的成就，會比以下這些事情還要多：

- 參加毫無意義的會議。
- 時時關注社群媒體的最新動態。
- 不斷查看你的電子郵件。
- 閱讀網路新聞。
- 跟別人八卦閒聊。

你在重要事情上面投注愈多的時間、精力和專注力，所獲得的成就會愈多，你也會變得愈來愈具生產力。

當我一週冥想三十五個小時，我僅有大約二十小時的時間完成實質的工作。換句話說，如果我沒有事先確定哪些是最重要的工作，我便無法完成當週規畫要做的事情。這迫使我不得不從工作中退一步，謹慎地規畫一週待辦事項，如此才能充分利用自己有限的時間。

在某種程度上，每個人都知道，並非所有事情都同等重要（多數人應該都很清楚：花一小時整理稅單報稅，比起看一小時電影還能獲致更多成就）。但總是知易行難。若想要提高生產力，你必須做到知行合一。

最重要的事情

一項任務、計畫，或是承諾之所以重要，基於以下兩個原因：一是因為它對你有意義、與你的價值觀密切關聯；另一則是因為它對你的工作有很大的影響。與你內心深處價值觀緊密相扣的事情，會帶給你更大的快樂、做起事來更有動力。而對你工作至關重要的事情，能夠讓你在同樣時間內達到更高的工作效率。如果幸運的話，你的工作任務能夠兼具意義和效率。你的工作跟工廠或生產線工作的相似度高低，決定了你對自身工作的掌控程度。工廠工人只能做被指派的工作，但企業家卻能做任何想做的工作。（稍微岔題一下，我並不評斷這兩種工作的好壞，畢竟每個人對於工作意義和金錢的重視程度不同。）

當我開始認真思考該如何運用時間之後，很快便發現自己每天的生產力之所以不高，不是因為工作不努力，而是未能認真執行真正重要的任務。如果我從未坐下來、認清哪些才是對我工作影響最大的任務，並且用心將之做好，不可能有高的生產力。相反地，我只會把時間花在那些碰巧出現在待辦事項清單上的事情。

當我們投身工作、埋首苦幹時，往往無法退後一步檢視自己是否聰明工作。

你可能早已聽過「帕雷托法則」（Pareto Principle，通常又被稱為80／20法則）。這項法則指出，80%的〔某個結果〕來自於20%的〔某種原因〕。例如，你80%的銷售額來自於20%的客戶，或是全世界80%的收入是由20%的人所賺取的。我認為這條法則也能應用在生產力上面，亦即：非常少數的任務能造就你大多數的成就。

生產力不是指做更多的事情，而是指做正確的事情。

在冥想實驗之後，我花了點時間從計畫中退後一步，列出一份我應該做的工作清單，並從中挑選出最重要的任務。此時，我又發現一件有趣的事：我只透過三項主要任務，就能完成大部分的成就。它們依序分別如下：

一、寫出我從計畫中學到的東西。

二、在我身上進行生產力的實驗。

三、閱讀並研究生產力。

當然，我還有其他應該要做的事情（像是網站維護、發送電子報、採訪專家、管理我的社群媒體帳戶、回覆電子郵件，以及指導別人提高生產力等等），但我大部分的成就主要來自上述三件事情。在花費同樣時間的條件下，其他的工作換來的成就相較少多了，當中有大多數的工作甚至可以省略不做或加以簡化（請見第四部）。

挑戰

影響力

所需時間：10分鐘

所需精力／專注力：8/10

價值：10/10

樂趣：8/10

你會從中得到什麼：你會發現對工作影響最大的任務，如此便能得知自己應該在哪些地方投入大部分的時間、專注力和精力。在埋首提高生產力之前，當務之急是認清哪些地方值得你提高生產力。這項簡單的活動將會幫助你達成這一點；同時，它也為本書其他部分打下良好的基礎。

慶幸的是，你不需要一週冥想三十五小時，才能認清對你影響最大的任務。

為了幫助自己組織並優先排序任務，我已經試過無數的技巧。聽到優先排序任務或許讓你感到困擾，但實際上，它不像大家所說的那麼複雜。

在本書所有挑戰裡，這是最重要的挑戰之一。畢竟，若是未能認清自己真正應該提高生產力的任務，便很難提升效率。

我最喜歡的優先排序技巧只有一個，靈感來自於《時間管理：先吃掉那隻青蛙》（*Eat that Frog*）一書的作者博恩．崔西

（Brian Tracy）。關於高影響力任務，博恩與我的觀點雷同，一如他在書中所說：「你對公司所貢獻的價值裡，90%都（只）和這三大任務有關。」

博恩建議利用一個線性過程，以認清對你影響最大的任務、計畫和承諾。他的方法很簡單，我修改並增添一些部分，使之更為有效：

一、**列出一份所有應做工作的清單。**這是本活動花費你最長時間的一個環節，然而，當你把所有必做的工作全都寫在一張紙上並攤在眼前（或任何你喜歡的電子文件形式），感覺會非常奇妙。你很有可能從來沒有固定每週或每月花時間退後一步，思索自己所做的每件工作。

二、**當你列出所有工作內容之後，問問自己：**如果你每天一整天只能做清單上的一項工作，哪一項工作會讓你在同樣時間內達到最大成就？換句話說，這份清單上，哪一樣工作對上司、或對自己最有價值？

三、**最後，問自己：**如果清單上只能再多選兩樣工作做一整天，讓你在相同時間內獲致第二大，以及第三大成就會是哪兩樣工作？

這三項任務占所有工作的20%，卻帶給你至少80%的價值。「價值」這個詞在此非常關鍵：跟一般有意義的任務不同，這些具終極目標的任務不見得給你個人帶來很多價值或意義，但肯定會對你的生產力帶來極大的價值。

當我開始謹慎且用心投入更多時間、專注力和精力，到那些最高回報的任務上，我的工作效率便直衝雲霄。要想更聰明工作、擺脱埋首苦幹的話，若不先從工作中退後一步，是無法做到的。而這正是本書第一部「奠定基礎」的重點所在。

一旦你開始奠定基礎，認清最明智的首要任務之後，接下來要做什麼呢？

當然就是開始著手執行這些任務囉！

第3章

每日必做的三件事

重點帶著走：要做到每天用心謹慎地工作，我發現一個超級有效的技巧，名為「三重點法則」（Rule of 3）。這項法則很簡單：每天一開始，在正式工作之前，先決定當天結束前必須完成的三件事情。在每週一開始，也做同樣的事情。

預計閱讀時間：8分1秒

三重點法則

瞭解你最有價值的任務固然重要，但誠如G. I. Joe特種部隊隊員（譯注：美國知名動漫英雄）所言：「知道只是成功了一半。」當你明天早上坐在電腦前、打開收件匣時，很容易就會因為眼前更迫切（但沒那麼重要）的事情，而把最重要的任務拋諸腦後。

理論上，用心謹慎地工作的確很棒，但實際上又會是什麼情況呢？

為了確保我能處理好該做的每一件事，我已經嘗試過數十種生產力工具：從GTD任務管理器（Getting Things Done縮寫，即「把事情做好」），到四處貼滿便利貼的「看板」（Kanban）管理方法，以及一大堆連我也數不清的生產力App。它們大多數能有效幫助我管理、並組織所有待辦事項（稍後我會談到哪些工作對你最有幫助）；然而，它們全都有一個相當大的缺點，那就是：無法幫我放慢腳步，讓我更謹慎用心地工作。

利用有效的系統工具管理你的待辦事項固然重要；但同樣重要的是，你在處理這些事情時，也能謹慎用心地投入——這正是本章的重點所在。在你開始努力管理時間、專注力和精力之前，有一點非常重要：你必須先決定自己每天需要聚焦在哪些事情上面，如此你的基礎才算真正穩固。

此時，「三重點法則」正好派上用場。

我的計畫大約進行到一半時，我讀到了一本名為《敏捷人生》（*Getting Results the Agile Way*）的生產力書籍，由微軟商業課程經理邁耶（J. D. Meier）所著。表面上看來，這本書更像是一本教科書，而不是一般的大眾讀物。不過，該書內容出奇地有效，因為它用非常簡單的角度來解析生產力。在本書中，讓我獲益良多、最喜歡的一個概念就是「三重點法則」。雖然這個概念背後的哲理一點也不新奇——知名生產力部落格「禪習慣」（Zen Habits）格主李奧．巴伯塔（Leo Babauta）與「生活駭客」（Lifehacker）創辦人吉娜．特拉帕尼（Gina Trapani）都曾提及這個概念；不過，它對我來說很新奇，而且十分有趣，讓我非試不可。

儘管你可以下載世上所有的生產力App（我的確這麼做了），但沒有任何一個App像「三重點法則」一樣，能幫助你認清自己必須做哪些事情。

這個法則無敵簡單：

一、每天一開始，把心念快轉到一天結束的時候，並問自己：當這一天結束，我希望做完哪三件事情？把這三件事情寫下來。

二、每週一開始，做上述同樣的動作。

你所確認的這三件事情，將會是你這一天，以及這一週的焦點。

就這麼簡單。

實際操作情況

當我剛開始進行三重點法則的實驗時，我花了一、兩個星期調整。起初，我把每日三件成就目標訂得太低，輕而易舉就能完成。後來，我轉而把目標設得太高（有時高到令我望而卻步），動力卻大大銳減，因為我覺得自己無力達成目標。這項儀式大約進行了一週半之後，我終於找到適當的平衡點；我開始清楚自己每天需要多少時間、專注力和精力，才能把規畫好的事情做完。

為了讓你對這項法則的實際操作更加清楚，在此列出我今早規畫出來、預計在今天完成的三件事情：

一、完成本書「三重點法則」這一章。

二、清空我的電子郵件收件匣，而且一整天只查看電子郵件兩次。

三、準備好申請美國稅號（tax number）所需的各項文件。

當我今天早上坐下來，想像一天結束時的情景，這些是我今天想要完成的三件事。而且到目前為止，我一直朝著這個目標在努力。

既然如此，我也順手列出這個星期我打算完成的三件事：

一、將本書「奠定基礎」這一部分定稿，寄給我的編輯。

二、撰寫並上傳這個月的部落格文章。

三、針對一月的兩場演講邀約設計心智圖（mind map，利用圖形展現思維與概念的方式）。

在每一天，以及每週開始之初，我還找出三件想要完成的私事。不見得每次都剛好符合三的原則（工作方面也是一樣），但我發現這個儀式讓我感覺自己對未來一週有更大的掌控權，而且對於即將要做的事情也會格外興奮。如果你很好奇，不妨看看我今天以及本週的三項私人目標：

今天：

一、與雅汀（我女友）一同享受品茶樂趣。

二、輕鬆閱讀25頁文章。

三、最終確定聖誕節購物清單。

本週：

一、規畫並購買所有的聖誕禮物。

二、完全放下工作，專心計畫慶生活動。

三、整理行李；回家過聖誕節。

這些目標很簡單，但它們符合我看重、且覺得有意義的價值。你可以想見，我在完成這些任務後，會有多麼豐富充實的心靈感受呀！

總之，務必確認工作與生活中最有意義的事情，並且養成每天和每週善用「三重點法則」的習慣。

「三」的思維習慣

當我問邁耶，為何每天和每週只選擇三項目標時的成效最大（為什麼不是兩個？一個？或四個、五個？），他給了我一個有趣的答案：「我最初之所以決定『三重點法則』，是因為當時我的主管想知道，我的團隊那一週達成什麼目標。他不想聽到一長串，他只要聽三個最重要的成果。」

邁耶後來發現，自己也不想聽到三個以上的成果，他只想聽團隊成員說出三件有意義的事情：「對我來說，我發現三件事情很容易記在心中，不必寫下來，或是回頭查看。像我隨時隨地就能背出我的三個目標，尤其當我特別忙碌時，它能幫助我辨明事情的優先順序，讓自己回到軌道上。」

表面上，「三」看似一個任意的數字，但它夠大，大到足以讓你放進想要完成的關鍵任務；同時，它也夠小，小到足以讓你認真思考什麼才是重要的。這項法則還能幫助你聰明工作，因為當你決定想要完成哪些事情的同時，你也決定不想要做哪些事情。此外，由於這項原則聚焦在你想要完成的目標上，而不在於你做了多少，因此它更符合生產力的真實意義。

其實，你我周遭處處可見人們喜好用「三」思考的證據。據邁耶的說法，「（三項成就之所以有效）最簡單的原因是，因為我們的大腦從很早以前即被訓練用『三』思考：開始、中間和結尾。比如說，軍隊用『三』幫助人們記住存活的資訊：『你可以三分鐘沒有空氣、三天沒有水、三週不進食。』」

當你環顧四周，你也會發現這類例子多得不勝枚舉、俯拾皆是。像是：三隻小熊、三隻瞎眼老鼠、三隻小豬和三劍客；或是三個一組的片語和概念，如「血、汗、淚」、「好、壞、醜」、「金牌、銀牌、銅牌」、「生命、自由、追求幸福」等等。總之，我們的心智天生習慣以三個為一組來思考。

此外，無論你再怎麼小心，難免還是會發生突發狀況和危機。當更迫切的事情橫亙你眼前、不得不立即處理時，「三重點法則」也非常有效。一旦你決定必須完成的三件事情後，它們便是你在煙硝戰火中的指路明燈；相反地，此時，如果你列出一籮筐待完成的事情、卻一個都達不到時，你的不滿情緒只會雪上加霜。稍後，我會針對「轉移不重要的工作」、「刪減影響力小的任務」，以及「大幅降低周圍噪音」的部分做深入探討，進一步分享我所學到的方法。總之，每天和每週只聚焦在三件工作的習慣，讓你即使處於惡劣情勢中也能專心一志，做好許多事情。我覺得邁耶有句話很有道理，他說：「簡單能使演化和創新變得更容易，且更能對應複雜的事物。」

挑戰

三重點法則

所需時間：5分鐘

所需精力／專注力：6/10

價值：8/10

樂趣：9/10

你會從中得到什麼：在每天一開始，你將能退後一步，確認當天最富生產力的任務，它們才是你應該投注大量時間、專注力與精力的任務。三重點法則能讓你認清這一天的焦點，如此一來，便能聰明工作，而非一味埋首苦幹。

這項挑戰很簡單：明天早上就來嘗試「三重點法則」。

若想成就更多、並花時間在對你影響最大的任務上，你必須每天重覆做這項挑戰。

明天在你打開電子郵件收件匣，或是開始一天行程之前，你只需要坐下來備好筆和紙，將心念快轉到一天結束之時，寫下你在這天結束時想要完成的三件主要事情。抗拒那股想要檢查電子郵件的衝動其實很難，但非常值得，因為如此你才能退後一步、保持頭腦清醒，思索哪些事情對你才是重要的。假如你想不出自己該完成哪些事情，邁耶建議你可以朝「贏取、成就或精彩亮點」的方向設想，譬如說：達到某項計畫的一個里程碑、完成積壓許久的待辦事項，或是談成一名客戶。

我個人覺得，翻閱行事曆、查看近期有什麼會議和承諾，也有助於做好規畫。如此一來，我心裡便有個藍圖，知道自己需要多少時間、專注力和精力來完成。在提高生產力的過程裡，你需要認清自己的限制，同時觀察自己需要多少時間、專注力和精力，方能進行個別的調整。（在接下來的一章裡，我會針對生產力的三大元素做更詳細的說明，讓你更清楚知道該怎麼做。）

如果你想進階活用這項法則，以下是我的一些簡單建議：

- 想想這一天當中你打算完成的每一件事，分別要在何時何地進行，用什麼方法去做。研究指出，這會使得目標更容易達成、更自動流暢——尤其在執行不愉快任務時，更為有效。
- 除了決定一天當中需要完成的三件主要事情外，你可以挑選其他待辦的小任務。你打算完成的這三件大事可能是你這一天的主要焦點，但可以肯定的是，你也會有其他更小的任務需要完成——只需記住自己的極限。
- 先從每天的儀式開始。等你覺得每天實行「三重點法則」非常有效後，再開始進行每週的儀式。相信我準沒錯！
- 規畫的同時，把對你影響最大的任務深記腦海中。此外，如果你決定試著把這項法則應用在個人生活上（的確值得一試，尤其是當你有許多個人目標時），請記住一點：你想完成的三項成就，必須與你的價值觀密切相連。

- 在工作日當中設定兩次鬧鐘。當鬧鐘響起時，問你自己：**你還記得當天的三項目標嗎？你還記得本週的三大目標嗎？如果記得的話，你是否正努力朝向目標邁進呢？**
- 在一天和一週結束時，認真思索你的三項目標是否切合實際。它們會不會太小，輕而易舉就打發了呢？還是它們太大而令你卻步呢？關於這三項必須完成的目標，你是否清楚知道它們需要花費多少時間、專注力和精力？像這樣思索自己是否夠實際，才能讓這項法則真正發揮效用。

如果你的目標是更謹慎用心做事，一天內完成更多的工作，那麼「三重點法則」絕對是你必備的無敵技巧。

第4章

善用生理黃金時段

重點帶著走：當你花時間觀察自己一整天的精力起伏狀況，便能夠利用「生理黃金時段」（Biological Prime Time）執行對你影響最大的任務。在這個時段內，你才有最大的精力和專注力可以投注上面。同樣地，連續一週記錄自己支配時間的方式，有助於自我觀察是否善用時間，並瞭解你一整天的專注情況。

預計閱讀時間：11分3秒

如果辨識出對你影響最大的任務、找出每日的聚焦點，你就能擁有絕佳的生產力，那麼本書就可以到此為止了。然而，我們的故事才剛要開始呢！主要是因為，我們儘管有心想做對的事情，但到頭來往往為了無數的原因而未能達成。

所有這些原因都與你支配時間、專注力或精力的方式脫不了關係；我不否認自己也有這類毛病：我幾乎每天浪費時間、常常分心、難以集中注意力，而且感到精力不足。多虧我所做的研究和練習，我可能比多數人好一些，但若我聲稱自己的生產力很高，那絕對是騙人的；同樣地，若有哪一位生產力專家敢如此打包票，肯定在說謊。

你很有可能跟我一樣：儘管有心做好事情，但時間、精力和專注力卻不如你以為的多。或許你會拖延（見本書第二部）；花太多時間處理橫亙你眼前、但影響力甚微的任務（第三部）；未能聰明運用時間（第四部）；覺得力不從心（第五部）；時常分心、無法集中注意力（第六部）；或是沒能適當培養足夠的精力（第七部）。別擔心，這些我都經歷過，十分正常。

在本書接下來的部分裡，我會詳盡介紹自己領會到的無敵方法，幫助你更好地管理時間、專注力和精力。但是，在學習更有效管理這三大生產力元素之前，你在奠定基礎這個階段，還有最後一個非常重要的步驟：評估你向來是如何管理時間、專注力和精力的。

以下提供兩個生產力實驗，它們分別幫助我測量一天當中的精力變化，以及密切追踪我如何運用時間和專注力。

你的生理黃金時段

你或許早已知道，你一整天的精力水準會隨著時間而上下波動。

如果你是早起族，在清晨會有較為充足的精力。如果你是夜貓族，則深夜時分的精力會比較旺盛。當你喝完咖啡，你可能會感到精神突然為之一振，稍後又精疲力竭。如果你跟多數人一樣，中午過後可能會精神不濟，因為一頓豐盛午餐之後，你的精力水準會直線下降。

我把精力視為一整天的燃料，用來讓你我維持高效的生產力。因此，妥善管理精力非常重要。如果你的油箱裡缺乏燃料讓你做好工作，或因為你沒有吃好睡足、培養足夠精力，而導致體力透支，生產力就會直線下降，就算你的時間或專注力管理得再好也沒用。

在計畫當中，為了釐清我在尋常日子裡的精力波動狀況，我設計一個為期三週的實驗，每隔一小時記錄自己的精力狀態。在那三個星期裡，我還做了以下事情：

- 飲食中完全戒除咖啡因和酒精。
- 盡量少吃糖。
- 少量多餐，讓一整天都有燃料可用。
- 想睡就睡，想醒來就醒來，不設鬧鐘。

這項生產力實驗背後的理由很簡單：追蹤我的精力在數週之間的正常起伏；在將刺激性飲食盡可能減至最少時，我才能清楚看出自己的精力在一天當中的自然波動。接下來，我便能採取行動提高生產效率。舉例來說，我會在精力自然波動最高的時候，執行最重要的事情；或者在我的精力自然下滑時，採取行動提高我的體能和心力。每個人的生理結構本就不同，而且每個人一天當中也都有不同的精力狀態，要視每個人的生理時鐘如何設定。我則是希望透過這個實驗，瞭解自己的生理時鐘。

經過我三週以來每個小時所記錄下的數據，出現了一個有趣的圖表（請見第62頁圖）。

每天早上十點到中午，以及下午五點到八點這段期間，我的精力最為旺盛。

不同的專家給予這樣的高峰時段不同的命名，而我最喜歡的是「生理黃金時段」（簡稱BPT），這是山姆．卡本特（Sam

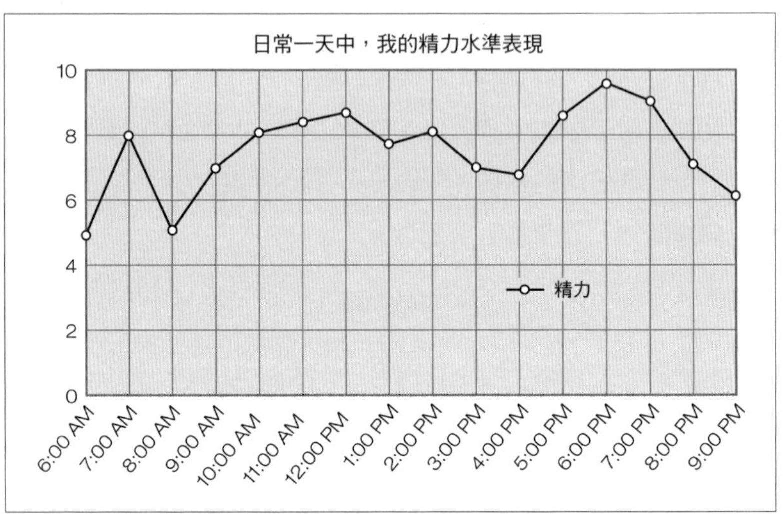

Carpenter）在其著作《讓系統為你所用》（*Work the System*）中所創的詞彙。

花時間觀察你的精力在一天當中的波動，如此一來，便能在「生理黃金時段」處理對你影響最大的任務（此時你有最充足的精力與專注力可以投入），並且在你精力下降時，處理對你影響較小的任務。

最有生產力的人不只有效管理自己的時間，他們同樣也能管理好自身的精力和專注力。重新安排一天的行事，並在精力最旺盛時做重要的事情，如此你才能輕易做到聰明工作，而非只是一味地加倍努力。

確認出我的「生理黃金時段」之後，我便開始依照它重新安排我一天的行事。每天上午十點到中午，以及下午五到八點的時段，我會做對我影響最大、最具意義的任務。相反地，在我的精力衰退時，我會做那些對我影響最小的任務，或是做些提升能量的活動（像是喝杯綠茶），花一點時間充電。

> 研究指出，主掌創意思維的大腦前額葉皮質（prefrontal cortex），在我們剛醒來的時候最為活躍。這意味著，即便你起床後那段時間精神不濟，而那一天又有很多創意工作等著你時，你可能還是得考慮在早上工作，而不見得非要在精力、專注力和動機最強的時候進行。對我而言，在一天之初就處理重要事務的感覺非常棒，感覺接下來一整天都精力旺盛，停不下來。

你或許無法完全掌控你所做的任務，以及執行的時間點，但是每當你有掌控權時，若能明智地利用不同時段從事不同影響力的任務，將會大幅提升生產力。譬如說，假如你中午時的精力最旺盛，那你為何要在此時休息吃午餐呢？何不等到你真正需要充電時再用餐呢？

稍後，我們會進一步探究如何善用自身精力最旺盛的時段。總之，瞭解身體的自然節奏，是我發現最能幫助自己聰明工作，而非只是埋首苦幹的絕妙方法之一。

當然，你的精力只不過是生產力三大元素裡的其中一項。要知道，認清自己是如何善用時間和專注力，也同樣重要。

人生中的某一天

雖然我從來沒有過嚴重的拖延症，但我向來就是個做事拖拖拉拉的人。

早晨淋浴前，我會磨蹭一會兒，順便收拾家裡。在我出門辦些小事之前，我常會打開一本書讀個幾頁、吃點零食，或是想事情想到出神。

大致上，我不會浪費太多時間，我幾乎總能完成預定的計畫；但我就是喜歡一天當中不時暫離高生產力的工作，到處東摸摸西摸摸。像這樣無所事事的閒晃，能夠幫助我減壓、順利從一個活動轉換到下一個活動，甚至能給我更好的想法（第17章）。當然，我磨蹭的習慣令我周遭的人非常感冒（幾乎我生命中每個女人——包括我媽媽、姐姐和女友——都曾叫我「別再拖拖拉拉了」），可我就是喜歡呀！

就拿我計算「生理黃金時段」這件事來說，追蹤記錄我一星期當中每個小時如何度過，理論上很簡單，但在實踐起來卻相當繁瑣。我列印出一張像是Excel表單、布滿網格的表格：橫行代表一天之內各個小時，縱列則代表那一週的天數。在公布我的時間紀錄結果之前，我覺得有必要先稍微談一下，做時間追蹤紀錄之所以如此有效的原因。

我並不常做時間紀錄，多半是因為此舉太費工夫。然而，大約每隔幾個月，我還是會努力追蹤記錄，看看我是否聰明運用自己有限的時間。能使你每天變得更有效率的那三項因素當中，時間是最為有限的。雖然你有很多種方式取得更多的專注力和精力，但時間就是二十四小時，無法再多了。

為了能更加明智地運用時間，進而投入對你影響最大、最有意義的任務上，你有必要知道自己向來是如何運用時間的，如此才能做出調整。比方說，你可能非常看重個人健身和靈性提升，但一整個星期你卻沒在這方面花費過半分半秒。或者說，你可能認定，訓練球隊是最重要的工作任務之一，但你整個星期裡同樣沒有花一丁點時間在這項任務上。如果你沒有意識到自己目前支配時間的方式，便很難看出當下的所做所為是否符合你的價值觀及影響最大的任務。做時間紀錄是個很棒的方法，能幫助你找到你的起始點、基礎水準，讓你更加清楚自己有多常從事影響最大、最有意義的任務。

同時，時間紀錄也是幫助你看出一天當中專注力高低的好方法。如果你每小時停下來檢查並記錄所做的事情時，發現自己一直把重要事情延後，你或許需要開始對付拖延（第5章）、努力改善你的「專注力肌肉」（第18章），或是減少周遭令你分心的來源（第19章）。

時間管理暢銷書《這一天過得很充實：成功者黃金3時段的運用哲學》（*What the Most Successful People Do Before Breakfast*）作者蘿拉·范德康（Laura Vanderkam）表示，時間追蹤紀錄是個非常有用的工具，它能讓你清楚看到自己花費時間的歷程。

她告訴我：「這項任務看似繁瑣枯燥，但它真的能夠為你一週騰出好幾個小時。但關鍵是，你要找到適合自己的方法。」

當然，由於記錄下每個小時（或是每半小時、每十五分鐘）是如何支配時間，因此，在記錄的當下便能清楚知道過去這一小時實際做了什麼事，而不用等到一天結束時，才檢視自己是否做完當天預定完成的事情。研究顯示，當你記錄自己的飲食習慣，減去的體重會多出一倍。同樣地，當你開始做時間紀錄後，也會有類似的加乘效果。

范德康通常每三個月做一次時間紀錄，每三十分鐘追蹤一次，為期一週左右。她說，最好是選擇某個典型尋常的星期做記錄，採用你最自在的方法，可以是一本簡單的記事簿、電腦裡的電子表格，或是某個生產力App。

她表示：「雖說這是找出浪費時間癥結點的好工具，但它同樣也能幫助你看清：原來你一直在拖延的可怕任務，所花的時間其實並沒有你想像的長。因此，它對於戒除拖延惡習非常有用。」

我是在計畫進行到一半時才第一次做時間紀錄，我覺得結果可能會令你驚訝。不過，在揭曉結果之前，先讓我們完成這部分的最後一個挑戰，幫助你奠定良好基礎，然後再接著看本書的其餘章節。

挑戰

生理黃金時段

所需時間：每小時大約1分鐘，為期至少一週。

所需精力／專注力：1/10

價值：9/10

樂趣：3/10

你會從中得到什麼：你會清楚自己是否管理好生產力的三大元素，進而知道你的起始點，並進行調整，以提高每天的生產效率。

我給你的第四個挑戰投資雖小，回報卻非常大。你要做的就是：追蹤你的精力波動，確認你的「生理黃金時段」，並製作一份時間紀錄，用以評估你是否管理好自己的時間和專注力。

精力

如果你想得知自己真實的生理自然節奏，在追蹤記錄你的精力波動之前，首先應該：

- 戒除咖啡因、酒精、糖等刺激性飲食，攝取量盡可能減至最低。如果你花了幾天調整，你或許要考慮移除前面幾天的數據，因為它們可能會扭曲你的結果。
- 每天少量多餐。

- 如果可以的話，自然入睡、自然醒，不要靠鬧鐘或智慧型手機叫醒。

在我要求你做的這些挑戰中，戒除咖啡因和酒精可能是最困難的一件事；但為了要準確測出自然狀態下何時最有精力，這件事可說是非做不可。我認為，喝酒等於向明天借精力；而喝咖啡則是向下半天借精力，因為縱使喝完咖啡精力飆升，一段時間過後，精力勢必仍會跌至谷底。為了得到常態的數據，測出你自然狀態下最具生產力的時段，這兩樣東西你都應該戒除。雖說糖偶爾可以用來提升一時的精力，但從精力和生產力的長遠角度來看，糖一點幫助都沒有。

我個人建議，在你追蹤精力水準的前一週，就先戒除這三樣東西。你的「生理黃金時段」通常變化不大，當你瞭解自己在自然狀態下何時精力最旺盛後，未來幾年你將從中大大獲益。

要追蹤精力水準及時間，你只需要一張紙，上頭列出一天各小時，以及一週各個日子。為了幫你節省時間，我已經做好一張圖表，裡頭有你需要的所有內容，方便你追蹤一週以來的時間和精力水準。你只需連結到本書的官網（productivityprojectbook.com），下載並列印出來就行了！

時間

每隔一小時，除了記錄你在這個時間點有多少精力（記分從1到10），並依下列提示記錄：

- 你在做什麼。
- 你前一個小時拖延了幾分鐘（粗略估算）。

針對這項挑戰，我在此列出一些技巧，對你會有幫助：

- 除了用紙筆追蹤記錄你支配時間的現狀，如果你是經常使用電腦的人，電腦上也有一些很棒的App，可以幫你做時間的追蹤紀錄。如果你可以自由在公司電腦上安裝軟體，那麼我強烈建議RescueTime（Rescuetime.com，免費；PC、Mac和Android的版本都有），以及Toggl（Toggl.com，免費；PC、Mac、iPhone和Android的版本都有）。RescueTime在後台運行時便能自動幫你追蹤記錄時間，而Toggl則可以讓你手動追蹤時間。
- 如果你發現自己拖延，不用擔心，這很正常。據我採訪的拖延研究人員表示，每個人偶爾都會拖延，連世界最知名的一些拖延研究人員也不例外。在你記錄自己拖延的時間時，別太為難自己，而且也別怕說實話。
- 如果追蹤時間和精力長達一週以上的想法令你反感，不妨做個幾天就好。一旦你開始觀察到一些模式，我想你會樂意進一步延長追蹤記錄。就我看來，我建議你花一個星期追蹤記錄時間，再花兩、三個星期追蹤記錄你的精力水準（如果你可以的話）。
- 我必須坦誠，追蹤記錄時間和精力的確很無趣；但這兩件事的回報卻非常大，大到連我至今都還會每隔幾個月追蹤記錄一次我的時間和精力。雖說與我最初的數據相比，後來的回報要小得多；但我相信這麼做有著無比的價值。

光是這項練習本身，或許就足以激勵你減少浪費在低影響力任務上的時間。不過，如果沒有的話，你也不用擔心，因為在本書接下來的其他部分裡，還有許多能夠幫助你有效管理時間、專注力和精力的絕妙方法。

如今，我們已經為提高生產力奠定良好基礎。而我也該公布我第一次追蹤時間的實驗結果了。

| 2 |

浪費時間

第5章

擺平難搞任務

重點帶著走：拖延是人的天性。對你影響最大的任務之所以如此可貴，最主要的原因是它們常會令人望而生畏。與影響力較小的任務相比，它們幾乎總需要你花費更多的時間、專注力和精力。它們通常也比較無趣、困難、毫無條理、令人受挫，而且缺乏內在報酬；這些特點全都會導致拖延。

預計閱讀時間：16分54秒。

浪費時間

2013年10月，在我完成一週內看完296場TED演講的生產力實驗後，知名TED組織的工作人員找上了我，邀請我上他們的官方網站接受採訪。我開心到快飛起來了！那時，我的一年實驗計畫大約進行到一半，開始陸續有人瀏覽我的網站，那次的採訪讓我一下子聲名大噪。曾經登上TED官網（TED.com）首頁的人物，有比爾·柯林頓、麥爾坎·葛拉威爾（Malcolm Gladwell）、珍古德、比爾蓋茲等知名人士，而我竟有幸成為其中一位！

當我的訪談內容一週後登上網頁，我又開心到無法自拔。我最喜歡的是開場的第一句話：「克里斯·貝利可能是史上最有生產力的人，你們絕對不會想錯過。」TED認為我是史上最有生產力的人哦！這句話應該印在這本書的封面上，不是嗎？

就在同一週內，我開始進行時間追蹤的實驗，檢視自己支配時間的生活軌跡。結果令我慚愧極了！經過一整週每天記下自己每個小時如何度過之後（連拖延的時間也算進去），我發現到自己花費：*

- 19小時閱讀和研究。
- 16.5小時寫作。
- 4小時安排並進行訪談。
- 8.5小時做維修之類的工作。
- 6小時拖延。

幾乎可以確定的是，我這一週非常有生產力：TED刊登對我的採訪；我寫出4,683字；讀完兩本書；以及看完無數的生產力文章；我還投入37.5個小時在兩件對我影響最大的任務上。此外，我預定要完成的事情全都做到了。加上我一整個星期都保持旺盛的精力和專注力，真是再完美也不過了。

然而，我還是花了6小時拖延原本應該要做的事情——這當中不包括我花在休息上的時間。

雖然我非常樂於與大家分享我在追蹤時間上所學到的經驗，

---

* 如果你有興趣想知道的話，我在這五天當中，還花了39.5小時睡覺、9小時忙家務和私事、6小時健身、2.5小時冥想，以及10.5小時的休閒活動——主要是閱讀以及和朋友聚會。

但我最終還是決定不把結果發表在部落格上。在我的計畫裡，我不常隱藏自己脆弱的一面，即使失敗我仍會如實寫出。但這一次，我驕傲的自尊心作祟，頑固地阻止我說出實情，免得我失去才剛獲得的「史上最具生產力達人」的頭銜。

不過，事實證明，拖延也不是什麼見不得人的事。請容我細述原因。

「每個人都會拖延」

在我開始「最有生產力的一年」計畫時，我所做的一項明智之舉，就是每天在部落格寫下我從研究與實驗裡學到的經驗。隨著愈來愈多人開始按照我的方法探索生產力，我就能夠利用自己愈來愈高的知名度，進一步深究更多生產力的技巧——例如訪談蒂姆·彼契爾（Tim Pychyl）這樣的專家。

蒂姆·彼契爾是暢銷書《解決拖延難題》（*Solving the Procrastination Puzzle*）的作者，他研究拖延已逾二十年。蒂姆走路的步伐相當輕盈，散發一股禪修人的沉穩，跟本書中我所採訪的其他禪修人有著相似的氣質。從外表看來，他的性格與舉手投足，很難讓人聯想到他在研究拖延的專業領域裡，竟然是世界頂尖的第一把交椅。

在我們第一次的會談裡，蒂姆說了一句我聽過最令人安心的話：「每個人都會拖延。」拖延是人類的天性。《不拖延的人生》（*The Procrastination Equation*）一書作者皮爾斯·史迪爾（Piers Steel）也認同這樣的看法，他表示：「根據大量研究調查的結果，約有95%的人承認自己拖延。」（剩下的5%則在撒謊。）

當然，不同的人每天拖延的方式和嚴重程度也會有所不同。研究指出，大約有20%的人患有慢性拖延症。然而，無論你有沒有慢性拖延的症狀，你拖延的實際狀況可能會比你想像中嚴重。以我那一週總共拖延六小時來看，可能都還算少的。根據Salary.com最近的一項調查指出，31%的人坦承每天至少浪費一小時，26%的人承認每天浪費兩個小時以上的時間；而這還只是上班族所意識到的浪費時數。基於不同的工作內容，你很可能每天拖延兩個小時以上。在蒂姆的一項研究中，他發現一般的學生在清醒狀態下，竟有三分之一的時間花在拖延上面。

引發拖延的六大誘因

我們之所以會拖延，背後的成因很簡單。在眾多關於拖延的研究裡，有一項是我最喜歡、而且蒂姆．彼契爾也參與其中的研究。該研究發現，具備某些特性的任務會讓人更容易拖延。（同樣地，具備某些人格特質的話，也會讓你更容易拖延。關於這一點，我們稍後再來討論。我個人比較喜歡從任務方面著手，因為改變任務要比改變你的個性來得容易多了。況且，你很棒，千萬別改。）

這其實相當簡單明瞭：撇開特性不談，你只需看某項任務或計畫給你的反感有多大；你愈不喜歡它，就愈有可能拖延。此外，具有以下六大特質之一或多項特質的任務，更容易引發拖延：

- 無趣。
- 令人受挫。
- 困難。
- 毫無條理或不夠明確。
- 缺乏個人意義。
- 缺乏內在報酬（換句話說，不好玩或缺乏吸引力）。

一件任務具有愈多以上特質、程度愈嚴重，你就愈不喜歡它，也愈有可能拖延。這就是為什麼某些事情你總是等到最後一刻才做（如報稅），而有些事情你卻甘之如飴（如觀看「網飛」的節目），幾乎沒有引發一丁點拖延的念頭。

報稅是最無趣、最令人挫折、最困難，而且最沒有條理的事情了；如果你像我一樣，你可能也不認為它有任何意義或樂趣。對多數人來說，報稅具備上述所有六項拖延誘因。其他像是看醫生做例行檢查、打電話給你媽、在家加班、跑馬拉松，以及寫一本書等事情，也會引發多個拖延誘因，讓你更容易拖延。

思索你為何拖延的原因非常重要。誠如蒂姆所說：「有時候，拖延只是一個徵兆，顯示目前的生活不符合真正的興趣……或許你應該改做其他事情。」

你觀看「網飛」的抗拒心之所以遠比報稅還要小，是因為報稅遠比「網飛」無趣、困難，並且令你沮喪得多；相反地，「網飛」更為刺激、更有條理。「網飛」甚至會在你看完一集節目後，顯示一個連結讓你直接播放下一集！由於觀看「網飛」幾乎不具備拖延的誘因，因此我們不會拖延。

對你影響最大的任務之所以如此重要，主要是因為它們令你避之唯恐不及。與影響較小的任務比起來，它們幾乎總是需要你花更多的時間、專注力和精力；此外，它們通常也更無趣、更令人受挫、更困難、更沒有條理、更缺乏內在報酬。它們之所以有價值、富含意義，是因為它們很難做到，這就是為什麼做好這些任務會讓你拿到基本工資以外的報酬。這跟工廠的工作不一樣，你很容易判斷工作的價值：你的工作愈有價值，你對它的反感愈大。這也是為什麼提高生產力如此不容易的原因；雖說地球上的每個人都想完成更多工作，但完成更多意味著必須做一些不那麼喜歡的任務。

> “順便一提，你有興趣一下子拿回13.6年屬於你的人生嗎？那就別再看電視了。根據尼爾森調查結果，美國成年人平均每天花費五小時四分鐘看電視。假設你能活到80歲，而你從10歲就開始看電視，等於你有長達13.6年的人生都在電視機前面度過。”

拖延之所以阻礙你完成更多，因為說穿了，它就是橫亙在你計畫與行動之間的一道溝渠。

科學大補帖

現在讓我們來看看，拖延時你大腦裡發生了什麼事？

當你打算拖延某項任務時，你的大腦裡正掀起一場非常有趣的內戰。通常，你的思緒會像這樣：一方面替自己多看一集《紙牌屋》找出冠冕堂皇的理由，另一方面又知道自己應該去忙報稅的事；或是明明很想打開Facebook或Twitter，卻又清楚自己早該著手進行下週五要交的報告。

像這樣的思緒來回擺盪，正是你大腦裡兩個區域爭鬥的結果：邊緣系統（limbic system）與前額葉皮質。

大腦邊緣系統主掌你的情緒和本能，包含快樂中樞等多個部位。從演化的角度來說，邊緣系統是人腦中很老的一個部位。就像動物一樣，它令你順從本能的衝動，屈服於情緒和誘惑。大腦的這個部位就是試圖引誘你拖延報稅，再多看幾集《紙牌屋》的幕後推手。

前額葉皮質則是你大腦裡掌管邏輯的部位，它正奮力讓你著手報稅的事。它主掌邏輯、推理、堅持長期目標等多項功能；它也是促使你拿起這本書的幕後推手。如果你做了我前面提到的所有生產力實驗，那是因為你的前額葉皮質打了勝仗；如果你只是跳過去、拖延了沒做，則表示你的大腦邊緣系統贏得勝利。

情緒化的邊緣系統和注重邏輯的前額葉皮質彼此之間反覆拉鋸，決定你一整天所做的每一項決策。人之所以為人，也正是因為如此。假如你的前額葉皮質每次都贏，那麼你所有的決定都會是完全合乎邏輯的。若真如此，你應該跟《星際爭霸戰》裡的瓦肯人（Vulcan）有血緣關係，才會像他們一樣完全依賴邏輯和理性做決定，不考慮自己或別人的情緒。另一方面，如果你的大腦邊緣系統每次都贏的話，那你就跟動物沒兩樣了，總是受本能驅使在做決定。

在我們所做的每一個決定裡，不是邊緣系統、就是前額葉皮質占上風。當大腦邊緣系統勝出時，我們會帶酒吧認識的可愛女孩回家，會在早上喝咖啡時不克制地加點一份甜甜圈，或者會拖延。蒂姆常把拖延比喻成「對感覺良好的讓步」；若是你觀看拖延者的腦部掃描，你會從神經學的角度得到證實，蒂姆所說的事確實發生：當我們的前額葉皮質向邊緣系統投降時，短期內會感覺良好。

不過，我們的前額葉皮質也時常會贏。這就是我們為什麼會預存退休金、下班後去健身房運動塑身、克服拖延的六大誘因，以及閱讀生產力的書籍。腦中的這個部位時時在為我們奮戰，幫助我們實現長期目標，而不會為了短暫的快樂而屈服。況且，沒有一個強有力的前額葉皮質，我們幾乎不可能變得更有效率。

每當我們思考是否該處理難搞任務時，大腦的邊緣系統和前額葉皮質就會開戰；接下來，我們要不拖延，要不就開始著手這項可怕的任務。〔我在這裡其實簡化了很多東西；人腦何其複雜，何況我們對它僅有初步的瞭解。像我這樣粗略描述大腦運作的簡化方式，並不代表大腦就不複雜或不精密。譬如說，前額葉皮質也會負責處理某些情感，誠如《象與騎象人》（*The Happiness Hypothesis*）一書作者強納森・海德特（Jonathan Haidt）所說：「它（前額葉皮層）使得人類的情感更加豐富。」只不過，以非常粗略的定義來說，你的大腦邊緣系統主管情緒，而你的前額葉皮質主掌邏輯。〕

不過，在邊緣系統和前額葉皮質之間的爭鬥裡，還有一個小小的問題：兩者的實力有些懸殊。

拿回大腦主控權

截至目前為止，我已營造出一幅畫面，描繪大腦邊緣系統和前額葉皮質之間的不停爭鬥。不過，這僅僅是我們拖延時會發生的情況；在其他時間裡，這兩個系統可是以奇妙的方式合作無間呢！由於這兩個系統分別掌管邏輯和情感，它們聯手創造出人類已知的傑出發明，包括語言、印刷術、燈泡、汽車，以及網際網路等。邏輯創造了汽車，但是因為受到創造更美好、更現代世界的渴望所驅使。

前額葉皮質和邊緣系統的相互作用，也是讓你追求愉悅、迷人、有意義事務的推手，就像學習拉大提琴、存錢去走印加古道、登山、做志工、建立良好人際關係、追求長期目標，以及滿足你的期望。

雖然我們的大腦邊緣系統不可或缺，但提升生產力多半與前額葉皮質密不可分。唯有建立強大的前額葉皮質，它才能在必要時告訴邊緣系統誰是老大，進而打消想要再次檢查電子郵件或Facebook這類的衝動，專心做好高

> “研究大腦讓我感到最有趣的部分是，即使這類戰鬥每天在我們大腦裡進行成千上萬次，我們通常卻覺察不到。如同90%的冰山隱沒在水面下，我們的心智只能察覺到一小部分大腦正在進行的事情，其餘部分都深藏於我們的無意識深處裡。而這正是生產力之所以能如此有威力的原因，因為你可以善用這個優勢，藉由對你自身思維與行動的瞭解，進而學習如何完成更多工作。”

影響力的任務。我們一方面要讓大腦邊緣系統保持快樂，一方面也要建立強大的前額葉皮質，否則不可能鞏固好我們的成就、人際關係和價值觀。

但是，知易行難。雖然前額葉皮質和邊緣系統之間的交互作用造就了今日的人類，但我們的前額葉皮質比邊緣系統還遜得多。畢竟，邊緣系統已經進化了數百萬年，但前額葉皮質才只有數千年的演化史。

總之，最具生產力的人不僅懂得從「自動駕駛」的工作中退後一步；他們也學會多善用自己的前額葉皮質、更甚於邊緣系統。

相差懸殊

這一章的篇幅之所以特別多，是有特定原因的，因為我想要「點燃你的前額葉皮質」。在你閱讀這些文字的同時，你的前額葉皮質也在燃燒，不僅消化你眼前這行字背後的意義，而且把這些話與你原本所知的觀念連結起來。要想順利擊敗邊緣系統，以執行那些對你影響最大的任務，你必須點燃你的前額葉皮質。

對我來說，雖然某個特定星期裡拖延六小時，相較之下算是十分輕微的拖延，但我還是非常希望能更加善用時間，分分秒秒都充滿生產力。總之，我希望盡可能把這個數字降到最低。在我發現拖延的根源，是因為大腦的邊緣系統霸凌前額葉皮質之後，我盡其所能，努力強化前額葉皮質，下次當邊緣系統引誘我為了感覺良好而讓步時，我的前額葉皮質才能夠加以擊敗。

在你確認最重要的任務、並打算著手處理之後，你還是會拖延，即使你可能擁有比多數人強大的前額葉皮質也一樣。

不過，有一些對治拖延的方法極其有效。事實上，藉由事前充分規畫，你完全有可能把報稅變成最迷人的差事，就像觀看一整季《紙牌屋》，令你雀躍不已。

改頭換面：報稅篇

哦，不！看看日曆！你的報稅截止日就在一個月後！而你卻從沒想過要開始著手！

不過，還是可以等到明天再做，對不對？

當你發現到自己內心正在天人交戰，不知該不該處理某件事情時，或是當你注意到自己說「我晚一點再做」、「我現在就是不想做這件事」，或是更糟的「等我更有空時，我再來做」之類的話，這就是一個徵兆，表示眼前的任務令你想逃避，而你需要以更吸引自己的方式來執行。（容我打個岔，有件事不吐不快：「我沒空做」是世上最大的藉口。當有人說他們「沒空」做某件事時，他們真正想說的是，那件事並不如他們手上其他事情來得重要，或是具吸引力。每個人每天都有二十四小時的時間，他想要怎麼運用這二十四小時完全是他個人的選擇。總之，我離題了。）

由於報稅這事讓人想要逃避，才會造就出龐大的報稅代理產業：光在美國，就有大約32萬人受雇於該產業。這也難怪，如果報稅很簡單，只需按一個鍵，那麼這個產業就不會存在了。根據眾多報稅軟體之一TurboTax的開發商Intuit聲稱，它能讓你的報稅過程不那麼無趣、受挫、困難等，他們還表示：「將近三分之一的納稅人會拖延報稅。」

為了讓報稅這件事更輕易處理，我選擇的方法是花錢請人替我報稅。每年我會委託一間公司代為處理稅務，花個幾百加幣，基本上就可以為我買回數小時的時間和專注力。如此一來，我就能保持精力，專心處理高影響力的事情和計畫。雖然目前正值報稅季，但我不必去蒐集收據、加加減減數字，或是設法釐清哪些公司帳能夠核銷，而是可以坐在這裡寫下這些文字。然而，假設聘請別人為你報稅不可行，你必須親力親為採用實體報稅的話，你該怎麼做？

光是想到報稅，此時你的大腦邊緣系統可能就在抗拒、不想再讀，或是害怕閱讀接下來的幾段。所以，讓我們把報稅改頭換面一番，讓它像觀看「網飛」節目一樣吸引人吧！

先觀察看看是什麼因素引發了拖延，然後制定計畫翻轉這些因素，讓報稅變得更有吸引力。要是我發現自己拖延報稅，我會坐下來制定計畫，以改變這些誘發拖延的因素。舉例來說，如果誘發拖延的因素是：

- **無趣**：我會利用週六一整個下午，到我最喜歡的咖啡店處理報稅的事，喝杯美味飲料，順便還可以看人。
- **令人受挫**：我會帶一本書到同樣的咖啡館去，並在手機上設定計時器，強制自己每做三十分鐘報稅的事就得停下來休息——除非我做起來很順手，想要繼續下去。

- **困難**：我會先研究報稅的流程，檢視需要遵循哪些步驟，以及收集哪些文件資料。然後，我會在「生理黃金時段」去咖啡館，因為那時候我的精力會比較旺盛。
- **毫無條理或不夠明確**：我會根據上述研究制定出一套詳盡的計畫，清楚寫下一個又一個的步驟。
- **缺乏個人意義**：如果我有可能退稅，想想能夠拿回多少錢；列一張清單，寫下這筆錢可以用在哪些有意義的事情上。
- **缺乏內在報酬**：我每花十五分鐘處理報稅的事，就拿出2.5加幣。等達到一個里程碑時，就用累積的錢請自己吃美食，或以其他有意義的方式獎勵自己。

好吧！報稅或許永遠都不會跟看「網飛」節目一樣具吸引力，但我認為比原先好多了，是吧？

重新掌控大腦的另外三個方法

翻轉某項工作的拖延誘因，等於是一石二鳥：一方面消滅拖延誘因，讓你減少對這份工作的反感；同時又點燃你的大腦前額葉皮質，使其打敗邊緣系統。如果你想要更進一步強化前額葉皮質，以下提供三個方法，可以幫你重獲主控權，讓你有辦法做好最討厭的任務。

一、製作一份拖延清單

要做到有效拖延，並非不可能。當你列出一張有意義與高影響力的任務清單，等你下次想要拖延時，你還是能讓前額葉皮質升溫，保持高效工作。在我的計畫裡，我發現自己常會拖延、不願閱讀冗長乏味的研究論文。於是我製作一份拖延清單，裡頭包括撰寫和傳送重要的電子郵件、整理電腦裡的檔案夾，以及追蹤記錄計畫的相關費用。此外，我覺得另一個方法也很有用，你只需告訴自己，你只有兩種任務可以選擇：去做你想要拖延的任務，還是做高回報的任務。（其實兩者就是同一件任務。）

二、列出成本

列出因拖延而衍生出的每一筆成本，這是我點燃前額葉皮質最愛的方式之一。這項技巧雖然簡單，但它讓你戰勝拖延的機率大幅提高。

三、開個頭就對了

請注意，我不是寫「做就對了」。假如你有一件繁瑣又討厭的差事——例如清理地下室，你只管開個頭就對了。試著設定短短十五分鐘的計時器，時間一到你便停止清理，轉而改做其他事情。如果開始之後你感覺想要多做一點，當然就繼續接著做；就算你沒有這種感覺，也不用擔心。每次當我只是開了頭做某件事時，哪怕只是幾分鐘，我幾乎都會發現那件事其實沒有我原先想像的討厭。關於這點，《戰惰》（*The Procrastinator's Handbook*）

一書作者麗塔．艾米特（Rita Emmett）總結得非常好；在她提出「艾米特定律」（Emmett's law）時是這麼說的：「害怕做某件事所耗費的時間和精力，比真正做那件事本身還要多。」

進步

在隨後的幾個月裡，每當我發現自己為了逃避某件工作而試圖合理化時，我都會用艾米特的話來點燃前額葉皮質。據蒂姆．彼契爾的說法，拖延最根本的關鍵，在於我們對某件工作的「本能情緒反應」，由此才會引發出一連串的拖延誘因。

點燃前額葉皮質是你擺脫拖延的最好方法。

自從我第一次的時間紀錄以來，我希望釐清究竟要怎麼做才能少浪費一些時間。這段路走得十分艱辛，但卻教會我很多事情。而我最近一次的時間紀錄，是在我寫這本書時所做的。對我來說，寫一本書所引發的拖延誘因，比我的一年計畫還多。這項任務幾乎毫無條理與內在獎勵可言（特別是對於像我這樣一個滿腦子想賺錢的人），有時候真的是無趣到極點、讓人沮喪不已，而且困難重重。然而，過去幾個月來，每當我想要拖延寫這本書時，第一時間必定趕緊活化前額葉皮質。

而且，這麼做真的有用！以下是我最近一次時間紀錄的概況：

- 17.5小時閱讀和研究。
- 15小時寫作。

- 5.5小時安排並進行訪談。
- 2.5小時做維修之類的工作。
- 1小時拖延。

好多了，讓我鬆了口氣。

其實，我內心有一部分很想寫說：我完全沒有拖延。儘管在一章結尾用這樣的說法會比較完滿，但這根本就不可能是真的。

總之，我們的前額葉皮質有時還是會戰勝的。

挑戰

翻轉

所需時間：6分鐘

所需精力／專注力：8/10

價值：8/10

樂趣：7/10

你會從中得到什麼：工作和個人生活裡最難搞的任務將會變得更有吸引力，處理這些任務時會浪費更少時間。這將有助於你騰出更多時間，投注在對你影響最大、最有意義的任務上。

如果你想變得更有生產力，則要更常去做對你影響最大的工作。但當你這麼做時，你也會更常拖延；因為愈嫌惡的工作，愈有可能拖延。下次當你發現自己想要拖延某項工作時，利用這個機會好好想一想，引發拖延的都是些什麼樣的誘因。

然後，把這些誘因寫下來，並制作計畫將之翻轉過來。如果你需要進一步點燃前額葉皮質，那就做一份拖延清單，列出拖延任務的成本，或者直接開始就行了。

諷刺的是，讓你最有生產力的工作，往往也是你最討厭的工作。戰勝想要拖延它們的情感衝動，可以大幅提升生產力。

若想要提高生產力，不得不處理一些令人反感的任務。當

然，如果你發現自己經常拖延，這也可能是個明顯的徵兆，表示你應該要換一份工作了。有誰願意成天只做那些無趣、令人沮喪、困難、不夠明確、毫無條理，又缺乏樂趣和意義的工作呢？

第6章

遇見未來的自己

重點帶著走：你愈是把「未來的自己」（就是未來的你）看成陌生人，你就愈有可能把工作丟給未來的自己，就像你會丟給陌生人同樣多的份量，而且你也會愈容易把事情拖到明天才做。因此，跟未來的自己保持聯繫很重要，你可以透過各種方式達成，像是：寫信給未來的自己、創造一個「未來的記憶」，甚至下載一個App，讓它告訴你，未來的自己長什麼模樣。

預計閱讀時間：7分5秒

一封尷尬的信

大約一個星期前，我在信箱裡收到一封信。光是收到實體郵件本身就夠詭異，更詭異的是，寄件人居然是我自己。

這是我八個月前寄給自己的，以下是信件的全部內容：

嘿，老兄，

現在的你算是處於一個十字路口，不確定自己要選擇什麼樣的職業、財富或人生等等。我想往前快轉幾個月，看看事情會變得怎樣，我不打算說謊。

不過，現在的你身邊有八個全新的朋友，你很開心——即便很多事你還不確定。一切都很好，因為你周遭圍繞著你愛的人以及愛你的人。

我不確定你以後跟雅汀之間會變得怎樣（我猜，照現在這樣下去應該會不錯吧），但今天你還是會很高興聽到她的聲音。我不確定你以後會變得多健康，但此時的你，會擁有人生中最棒的身材。我也不確定（發現這句型一再重複了吧？）你以後會有多快樂、多積極、多麼富含正念等等，但我想這就是事情的美妙之處。有句話雖是老生常談，但你深信不疑：幸福就是無論世事如何變化，你總能安然適應。我祝你快樂，順利成功。照這樣下去，我知道你會的。

愛你的，

克里斯

過去五年來，我一直在「愛心童樂營」（Camp Quality）擔任志工。「愛心童樂營」是一間全球性的慈善機構，他們替罹癌兒童舉辦為期一週的夏令營，幫助他們找回童年快樂。每位志工會搭配一名學員，整個星期都玩在一塊，隨後一年間偶爾還會再次相聚。

除了一週的營隊之外，該機構每年還會為從小就罹癌的孩子，舉辦為期四天的青少年領袖營。這個營隊會請像我這樣的人來分享，讓學員從我們過來人的經驗中找到自己的方向。

在去年的領袖營裡，無論是學員還是志工，都必須做一件事，就是寫信給未來的自己。雖然事後讀到我的信還挺尷尬的，但我清楚記得這個活動非常有價值，原因無他，就是因為我們很少會想到未來的自己。

你與泰勒絲之間的差別

如果你躺在功能性磁振造影機（fMRI，這台儀器能藉由觀察血流的變化，測量出你大腦的活動）裡，想著未來的自己，然後再想一個完全陌生的人〔例如泰勒絲（Taylor Swift）〕，你會在這兩張掃描圖上發現一件奇特的事：它們之間沒有什麼不同。

這是由加州大學洛杉磯分校安德森商學院（UCLA Anderson School of Management）教授赫希菲德（Hal Hershfield）所做的研究。結果發現，受測者想著現在的自己，與想著某個陌生人的腦部掃描圖，平均來說差別很大；但當受測者想著未來的自己，卻和想著陌生人的腦部掃描圖幾乎一模一樣。

這對生產力有著極大的影響：你愈是把自己視為陌生人，你就愈有可能把相當於給陌生人的工作份量，丟給未來的自己；你也就愈有可能把事情拖到明天——留給未來的自己去做。

既然你把未來的自己視為陌生人，當你把他與眼前的自己相比較時，你便以為他比較不累、沒那麼忙，而且更專注、更自律。雖然在某些方面，這會是真的（尤其在你開始善用本書的技巧之後），但未來的你顯然與現在的你有著更多的共同點，絕非一個完全陌生的人。

你愈是與未來的自己劃清界線，便愈有可能做出以下事情：

- 給未來的自己比給現在的自己更多的工作。
- 答應參加許久以後才召開、但毫無效率或毫無意義的會議。
- PVR（個人視訊記錄器）裡收藏大約十部平淡無趣的紀錄片，你打算「稍後再看」。
- 不斷把討厭的任務移到明天的待辦事項列表。
- 為退休而儲蓄較少的錢。

如果我問你想不想報名參加十週之後的一場馬拉松賽，你很有可能會拒絕；畢竟你得花上好幾個月的時間準備，才有辦法順利跑完42公里。但如果我問你想不想報名參加兩年半（而非兩個半月）之後的一場馬拉松賽，雖然你可能還是不願意，但至少你對這個想法的抗拒感應該少了許多。你很有可能受到跑馬拉松這類偉大念頭所吸引，卻沒能替未來的自己多想一想，看要怎麼加以實現。

出人意料的是，儘管我們拖延是因為大腦的邊緣系統在主導，但當我們不考慮未來的自己就做出決定時，卻是由於前額葉皮質的關係。

保持聯繫

為了深入瞭解我們如何看待未來的自己，赫希菲德進行了一項有趣的實驗：他與一群專業動畫師合作，設計一台模擬器，以3D虛擬影像呈現出受測者退休後的模樣。即使受測學生只是稍微動了一下，譬如張嘴說話或轉個身，虛擬影像也會同步做出一樣的動作。

在赫希菲德問模擬器裡的學生一堆問題之後，他給了他們一項任務：將1,000加幣分配給現在的自己和退休後的自己。實驗結束後，他發現到一件非比尋常的事情：進過模擬器的學生為退休後的自己所存的錢，比沒進去的人還多出一倍。

他表示：「人們很容易替未來的自己承諾一些當下自我不想做的事情，我們稱之為『規畫謬誤』（planning fallacy）。」

他解釋說，你滿心想替未來的自己做好承諾，但你未來的自己往往會吃虧。不過，這本來就是我們生物構造的一部分。

他表示：「從進化的角度來說，當你隨時可能被獅子吃掉時，為未來儲蓄並沒有太大的意義。」

但是，穿越時空與未來的自己聯繫，要比你想像的容易多了。

關於與未來的自己聯繫，前文曾經提過的「三重點法則」是我最喜歡的一種方式。在「三重點法則」裡，未來的自己成為關注的焦點。將心念快轉到一天結束時，思索你想要完成什麼，藉此啟動大腦前額葉皮質裡的計畫中心，形同你站在未來自己的角度來看待事情。同樣地，在每週一開始，你也可以如法炮製，規畫出本週預計完成的三件事情。

自從看完赫希菲德的研究之後，我進行大量的實驗、試圖與未來的自己聯繫。以下是我最喜歡的三個實驗：

- **啟動AgingBooth。**花錢聘請程式設計師打造一台3D虛擬模擬器，這可不是隨便誰都負擔得起的，但有其他便宜的替代方式，像是AgingBooth。我很喜歡這個App，它可以將你臉部特寫的照片變成數十年後的樣貌。它不僅通用於Android和iOS，而且還是免費的。在本書官網（productivityprojectbook.com）上，你可以看到這個App的更多功能。像我就把自己數十年後模樣的照片印出來裱框，掛在辦公室的電腦上方，讓自己每天都看得到。不過，來訪的客人看了往往會嚇到。

- **寄信給未來的自己。**就像我在營隊裡寫的那封信，寫信寄給未來的自己是一個很棒的方式，這麼做可以讓你和未來的自己之間零差距。我經常會用FutureMe.org寄電子郵件給未來的自己，特別是我發現當下的我對未來的自己不公平時。
- **創建未來的記憶。**我本身不太相信觀想願力這一套，想當然我也不希望這段話給你這種感覺。凱莉・麥高尼格（Kelly McGonigal）在暢銷書《輕鬆駕馭意志力》（*The Willpower Instinct*）中建議，創建屬於自己的未來記憶。在這個記憶裡，你並未拖延那份眼前正抗拒不想寫的報告，或是你看完十本有趣的書，因為你強忍住打開「網飛」狂看三季《紙牌屋》的欲望。研究證實，你只需要把未來的自己想像成更好的、更具生產力的版本，就足以激勵現在的你做出對未來自己有益的行為。

“好幾次冬天結束時，我都忘記把大衣口袋裡的20加幣鈔票拿出來，直到隔年再次穿上時我才發現。雖然我一再強調，別對未來的自己不公平，但若能給未來的自己一些好處就更棒了；這意味著為將來儲蓄、今晚忍住不吃披薩、健身、學習微積分、擦防曬霜、使用牙線、多多閱讀等。或意味著在大衣口袋裡留一點錢，等著六個月後發現。屆時，你將會感覺超棒！”

挑戰

時光旅行

所需時間：10分鐘

所需精力／專注力：4/10

價值：7/10

樂趣：9/10

你會從中得到什麼：你比較不會再把事情拖到明天，強加到未來的自己身上，因為你不再把未來的自己視為陌生人。

當你拖延某件事或浪費時間時，可說是對未來的自己不公平。

在你跟未來的自己取得聯繫之前，首先有必要花短短幾秒鐘想一下，你們兩個之間是多麼緊密相連。據赫希菲德表示，每個人認同未來自己的程度不一。他把一個人認同未來自己的緊密疏離程度，稱之為「未來自己的延續性」(future-self continuity)。在你跟未來的自己取得聯繫前，先問問自己：你屬於下頁圖中的哪一種？

在確定自己屬於哪一種情況之後，假如結果是現在的你跟未來的自己有些疏離，那麼你得投入時間跟未來的你取得聯繫：你可以下載AgingBooth之類的App；上FutureMe.org這類網站寄信給未來的自己；或是假設你喜歡新奇的話，也可以想像未來的自己，創造一份未來的記憶。

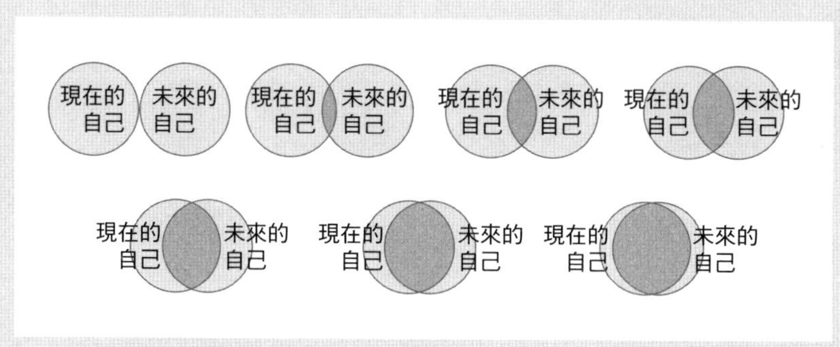

相信我，日後你會感謝自己的。

第7章

網路：生產力殺手

重點帶著走：一旦網路使用不慎，你的生產力便可能遭受重創。我發現，防止網路浪費時間的最佳辦法，就是在我處理高影響力或難搞任務時，完全斷絕網路，白天盡可能別連上網路。等熬過頭幾天的戒斷期後，你將體會到無以言喻的平靜和高效率。

預計閱讀時間：9分40秒

科技真是「鳥」不起！

在我的一年計畫裡，第一個、也是特別令我難忘的一個實驗，就是每天只使用一小時的智慧型手機，長達三個月之久。

整個實驗過程裡，我走到哪裡總是一個口袋放記事本、另一個口袋放我的iPhone。每當我用手機時（通常一次會使用十五分鐘），我都會仔細記錄下來，設法不超過一小時的限制。我喜歡進行這類實驗，亦即把工作中某個元素移除，觀察這麼做會如何影響我每日的行程、習慣和儀式。因為如此一來，我才能看出工作上的某些行為（例如：使用智慧型手機，並且時常連接上網）對生產力究竟是幫助，還是阻礙。

雖說人類在過去250萬年間的進化速度始終相當穩定，但在近幾個世紀裡，科技進步的速度卻是突飛猛進。根據「摩爾定律」（Moore's Law），晶片上的電晶體數量每兩年會增加一倍。今日任何一支智慧型手機，重量僅僅200克，其電晶體數量都比當年的龐然大物超級電腦還要多；殊不知，超級電腦的問世不過也才幾十年而已呀！當然，人類也隨著這場科技革命愈趨進步。雖說在西元前5000年至西元1820年間，全球人類的平均壽命始終徘徊在25歲上下；但在工業革命後，人類壽命延長的速度便開始加快。如今，美國人的平均壽命已達80歲。

但我認為，當今所有科技裡，尤以網際網路對我們生活的改變最為巨大。網際網路以及隨之而生的科技，已經把世界變平，且用前所未有的方式連結更多的人。再說，當你用手在智慧型手機上滑個幾下，二十分鐘後，披薩就會送到你家門口。現在想像一下這個情節：假如你把今日的iPhone送回二十年前，當時的人可能會把你當成女巫，因為這玩意就跟魔法沒兩樣。試著再想像一下，十年、二十年後的某個先進網際網路設備，如果把它拿回到今日的時空，相信你我也會有一樣的想法。

對人類的歷史來說，網際網路及其衍生的科技確實是一大福音。但由於人類，以及人腦較新的演化部位（如前額葉皮質）依舊持續以線性的方式進行演化，所以至少就生產力而言，科技的突飛猛進令我們措手不及，無法妥善處理科技給我們工作所帶來的混亂。

因此，稍有不慎，網際網路就會完全扼殺你的生產力。

不連網的禪定

還好我沒在智慧型手機實驗之前做過任何一次時間的追蹤紀錄，這讓我大大鬆了一口氣。在沒有網路連線下，要做到用心謹慎地工作都很難了，更何況……。若要我推測的話，我猜想自己在積極進行網路戒斷的每日實驗之前，一星期拖延的時數至少超過十個小時。不過，這還在常態值之內。一旦你發現自己耗在網路上的時間有多長，以及連上網路使工作被打斷的頻率有多高（第19章），還有網上多工處理伴隨而來的低效率（第20章），你幾乎可以斷言，網路是人類生產力的最大殺手。

網際網路是如此令人分心，以至於我在本書裡特別撰寫一整章的內文，探討如何應對周遭令我們分心的事物（第19章）。我們的大腦天生就無法應付令人分心的事物，也因此我們常被淹沒在電子郵件、通知、來電，以及充斥著嗡嗡聲、振動和聲音的茫茫大海裡。但是，網路對生產力還有另一個容易被人忽視的影響，那就是：它害你每天浪費掉的時間，多到無法想像。

不可否認地，在我開始智慧型手機實驗的頭幾個星期裡，的確很難適應：我常會習慣性地伸進口袋尋找手機（它明明不在裡面）；不然就是覺得腿上有什麼東西在震動（即使我的手機早已關機）。但是，我很快就達到一個新的平衡狀態，開始習慣沒有網路所帶來的平靜感受。我仍舊用筆記型電腦寫作、研究，以及進行採訪，但我一天比一天更感到自由，不再依戀那支總是成天貼在我屁股後面的黑色閃亮長方形物品。當我撐過最初幾星期的實驗後，我感覺自己又更上一層樓，有著無以倫比的專注力與清晰思維，讓我更徹底做好每天該完成的事情。

雖然網路既有趣又刺激，但它幾乎總是設法引誘你逃避做那些你該做的高影響力任務。相較於高影響力任務，網路更是充滿著無窮的魅力。網路可是最不無聊、最不令人受挫、最不困難的事情呀！它還會給你源源不絕的獎勵，而且非常立即。這些特點組合起來，就成為網路成癮與拖延症的培育溫床。哦，它還特別有條有理呢！網際網路如今已經滲透到我們生活中的各個領域，以至於我們幾乎不可能一天沒有它。儘管你在一天開始時有多麼大的雄心壯志，一碰上網路這個頭號對手，你的高影響力任務往往不會有勝出的機會。

我發現，防止網路浪費時間的最好辦法，只要在處理困難或不喜歡的任務時，不要連上網路就行了。雖然不見得每次都行得通，但至少每個我認識的人，都能做到每天有段時間刻意不連上網。等你克服最初幾週的戒斷症狀之後，你將會體驗到前所未有的平靜與高效率。

在我寫這些文字的當下，我的智慧型手機是在另一個房間裡；而此時此刻我用來寫作的這台電腦，則是完全沒有連上網路。現在剛過上午十一點；從今早七點自然醒來之後的四個小時裡，我連上網的時間總共一個小時。這並不是說我不喜歡上網；事實正好相反，上網是我在這世上最愛做的其中一件事。我只是十分看重自己的生產力，以至於我不願一直掛在網路上，尤其在我處理重要事情的時候更是不會連網。

根據美國市調機構IDC近期公布的調查研究指出，年齡介於18至44歲的受訪者當中，有80%的人在醒來後15分鐘內就會查看他們的智慧型手機。我以前也會如此，只不過中間多了些程序：我醒來之後，會立刻拿起我的手機，然後無意識地遊走在幾個我最愛的App之間，處於這種高刺激的回饋循環裡約三十分鐘，接著又查看推特、電子郵件、臉書、Instagram，以及一些新聞網站，直到我猛然回過神來。

如今，我早上已經不再如此，可說是更具生產力了。每天晚上八點到隔天早上八點，我會將智慧型手機徹底關機（這是我一天當中最喜歡的一項儀式），這樣一來，我就可以從容開始、從容結束每一天，不浪費寶貴的時間。這儀式在一天結束時特別有用，因為那時候我抵抗分心事物的意志力會比較薄弱。而且，每當情況允許時，我還會把智慧型手機和筆記型電腦轉成飛航模式，專心埋首於最不具吸引力的高影響力任務。

網際網路可說是人類有史以來最厲害的發明，在未來幾年或幾十年間，它將持續用難以想像的方式塑造我們生活與工作的習慣。不過，儘管它的威力強大，而且能夠永無止境地端出小貓的照片誘惑你唯命是從，但就生產力而言，使用網路的最佳方法是，一次享用一點點即可。

全球最大的糖果店

在前述由Salary.com所做的調查裡，有26%的受訪者坦承，每天至少浪費兩個小時的時間；據他們表示，網際網路是讓他們浪費最多時間的最大元凶，嚴重程度遠遠超過其他因素。（第二至第四名分別是：過多的會議和電話會議；跟討厭的同事打交道；以及回覆毫無意義的電子郵件。）這個數據對你來說或許並不意外，不過，在另一項由蒂姆．彼契爾主導的研究裡，統計數據的結果可能會讓你大吃一驚。蒂姆發現，受訪者平均花費47％的時間上網、盡可能拖延不做正事。但在他的書裡，他表示這個數據只是「保守的估計」。

人們為何浪費這麼多時間流連網上，原因顯而易見：因為對你的大腦邊緣系統來說，網際網路基本上就是全球最大的一間糖果店。你每滑一下或點擊一次，你的大腦邊緣系統都在接收源源不絕的刺激。誠如尼可拉斯．卡爾（Nicholas Carr）在他那本啟發性著作《網路讓我們變笨？：數位科技正在改變我們的大腦、思考與閱讀行為》（*The Shallows: What the Internet Is Doing to Our Brains*）裡所說的：「上網需要運用我們所有的感官」，而且更糟的是，「它同時全部都會用到。」我們用雙手去滑智慧型手機，或是在辦公桌電腦前用鍵盤打字並移動滑鼠；我們的耳朵會聽見敲打鍵盤和點擊滑鼠的聲音，以及眼前喇叭播送出來的種種聲音。而我們的眼睛則不斷接收螢幕上出現的全新訊息、圖像，以及短片等刺激。網路劫持大腦邊緣系統，讓它難以招架。請相信我，就算像我這樣過去六年來每天都在冥想，我依舊覺得難以抗拒網路麻痺人心的誘惑，很難以正念的態度面對。

升級

雖然蒂姆這類研究一再指出，我們每天浪費許多時間在網路上，但卻忽略了網路對生產力的另一個嚴重影響，那就是：網際網路會引誘我們去做影響力較低的任務。雖然不斷檢查電子郵件這類事情，嚴格說來也算是工作的一部分，但我們的生產力卻很低；因為在做這類事情時，我們並沒有完成多大的成就。脫離網路不僅能防止你浪費時間，還能防止你受到誘惑，去處理網路上的低影響力任務，如：電子郵件、即時訊息、社群媒體的最新動態。

脫離網路之所以加倍重要，是因為脫離網路不僅讓你拿回無意識浪費掉的時間（和專注力），也讓你更容易專注在高影響力的任務上。

當我遠離網路這間糖果店之後，我發現，沒有這些不間斷的誘惑，我自然就會處理更多高影響力任務。我不但浪費的時間變少、分心頻率大幅降低，也不再時時檢查電子郵件，不再老是查看推特最新消息。我發現自己更常做的事情是：拿起一本書閱讀、規畫採訪細節，或是為我的網站寫寫文章。每當我忙完一天工作後，只要是沒有連上網路，我總會利用行程的空檔做些冥想，或是替女友泡杯茶等等，不再無意識地把時間浪費在網路上。如果工作結束後發現自己太累，我反而會做些事情提升精力水準（第七部），而不是直接切換到自動駕駛模式。

脫離網路一開始讓我的工作和家庭生活變得比較枯燥，畢竟我的大腦邊緣系統已經習慣來自網路糖果店源源不絕的甜頭；我花了好幾個星期才適應這種較低的新刺激水準。但一經適應之後，我便多出更多的時間和精力給真正重要的事情。

如何應對

除非你是一個古柯鹼成癮的股票交易員，否則網際網路應該是工作日當中最刺激的一大元素。我實在不願像唱片跳針一再重覆，但我不得不提醒你，在「時間、專注力和精力」三大生產力元素裡，時間最為有限，你沒有辦法得到更多時間。脫離網路聽起來或許令你錯愕不安（說實話，剛開始的確會），但它也是提高生產力最有效的辦法之一。脫離網路不僅幫助你浪費更少時間，也能讓你專注於工作和生活中回報最大、且最具意義的任務上面。

研究指出，在我們所有的性格裡面，衝動是與拖延最高度相關的一個。你愈是衝動，你就愈會拖延，因為你大腦的邊緣系統會比前額葉皮質強大許多。〔《不拖延的人生》（*The Procrastination Equation*）作者皮爾斯．史迪爾（Piers Steel）把衝動稱作「拖延的奠基石」，他表示：「沒有衝動，世上就不會有拖延症。」〕雖然點燃你的前額葉皮質（藉由瓦解討人厭的任務，或是與未來的自己聯繫）能有效克服拖延，但若能從根源杜絕浪費大量時間的事物，同樣是有效防止時間浪費的好辦法。脫離網路便是其一，也是我最愛的一個方法，它能以超乎想像的方式大幅提升你的生產力。

以我的經驗來說，若想提高生產力，你必須把上網視為奢侈的享受，而非日常的必需品。

挑戰

遠離網路

所需時間：30分鐘

所需精力／專注力：1/10

價值：10/10

樂趣：4/10

你會從中得到什麼：你會少浪費許多時間，而且無論在工作或家庭裡，你都能更常處理高影響力、且富含意義的任務。

這是我在本章給你的一項簡單挑戰：明天脫離網路三十分鐘。你可以在跟另一半吃飯時，將手機轉成飛航模式；或在處理每日三大任務時，不連上Wi-Fi；或是精力不足時遠離網路，以免受到誘惑而浪費時間。總之，明天脫離網路，然後看看你完成為多少工作。等你發現自己脫離網路竟能完成如此多事情之後，我猜你會經常使用這項策略；甚至可能對於夜間關機的儀式也躍躍欲試。

當你以自動駕駛模式流連網上時，你不太容易意識到自己在浪費時間。但在某些時間點，你還是會發現的——當你發現自己正盯著某位臉書好友的第二十七張照片時，你可能會突然回過神來。當你意識到自己以自動駕駛模式瀏覽網頁時，不妨趁這層自覺立刻離開網路。我發現這樣做非常有效：這會防止你浪費更多時間，讓你從容回到工作模式，進而謹慎用心地工作。

容我再提醒一件事：當你離開網路時，大腦所面對的新刺激開始變弱，你可能會因此覺得有些無趣。這只是你大腦的邊緣系統懇求你重回網路，因為網路給你的刺激強多了。

但為了減少時間的浪費，千萬別聽它的。

| 3 |

終結時間管理

第8章

時間經濟時代

重點帶著走：當時間在138億年前大爆炸中「被創造出來」時，宇宙間第一次有了「過去」、「現在」和「未來」。到了工業革命期間，計量時間第一次變得重要，因為工廠老闆需要他們的工人準時上工。如今，在知識經濟的時代裡，如果你想變得更有生產力，管理好精力和專注力才是首要之務，時間管理反倒變得其次。

預計閱讀時間：7分2秒

時間的起源

自從大爆炸之後，宇宙開始明顯劃分出「過去」、「現在」和「未來」。它依序孕育出第一個原子核、原子、星系和星球，以及我們所處的太陽系。

今天，在已知的宇宙裡存在著多到超乎想像的星系（據多數估計顯示，約莫有1,000億個），其中許多在大小和形狀上，都類似我們的銀河系。

對我來說，宇宙的故事最吸引我的，不在於星系的數量，而在於這些星系並非靜止不變。隨著時間的推移，這些星系愈擴愈大，與其他星系的距離也愈隔愈遠。

時間是用來分類與標籤事件的一種方式，指出某個事件發生與其他事件的相對關係。只要事件有先後順序的關係，就會有時間的存在。或是換個方式說，倘若一組事件沒有明顯的過去、現在和未來的區別，那麼時間就不存在。

時間何時開始變得重要

如果生活在19世紀初期、工業革命結束之前的年代，你應該不會以「分鐘」為單位計量時間；這不僅是因為當時的科技沒有先進到讓你這麼做，同時也是因為你沒有必要這麼做。在工業革命前，計量時間並不那麼重要；當時大多數人在田裡工作，與今日現代人相較之下，他們需要為交付期限、會議和活動排序時間的機會少太多了。事實上，在第一個量產、機械製造的手錶於1850年代問世之前，除了超級有錢人以外，幾乎沒人負擔得起鐘錶。於是，大多數人只能靠觀測太陽刻劃出一天時間的進展。由於我們無法用時鐘計量時間，因此得用其他相對的事件來敘述某個事件的時間。在馬來語裡，甚至有「pisan zapra」這樣一個片語，約略可以翻譯成「差不多吃一根香蕉所花的時間」。

然而，到了19世紀中葉，科技的進步不斷加速，以及關鍵的轉變開始出現，使得時間的意義顯得更加重要：美國及加拿大開始興建橫跨境內的鐵路，世界其他各地也是如此。當鐵路不斷延伸時，一個有趣的難題出現了：城市與城市之間沒有統一的時間。說實在的，為什麼要統一呀？時間只需在各個城市裡維持一致性就行了，既然城市與城市間並未相連，也就沒有必要讓兩個城市的時間同步。

然而，隨著鐵路繼續串連起各個城市，經常會出現一個州有好幾十個時區的情況，這令鐵路公司傷透腦筋。歷經幾次事故以及差點誤點，鐵路公司終於做出決定，不再把太陽當作計量時間的依據。此時，也就是1883年間，鐵路營運機構聯手劃分出橫跨美國及加拿大的四個簡單時區，但這些劃分的時區原本只供鐵路公司內部使用。時區的問題其實十分複雜，早在1883年之前，鐵路公司本身就按照53個不同的時區追蹤火車的動向。終於，在1883年11月18日正中午，鐵路公司將整個美國和加拿大的火車時刻，正式切換到只有四個時區。

35年後，到了1918年，美國才正式將全國數百個時區縮減成4個時區，並且納入聯邦法規範。

讓我覺得有趣的是：儘管人類已經在地球上生存20萬年，但我們開始按時鐘過日子，也不過是最近175年的事而已！

劃定時區確實是件好事！試著想像一下：如果每個城市都採用不同的時區，那麼協調各地人士來開個會將是多麼困難呀！

在20世紀初，差不多就在時區納入法律規範的同時，北美還歷經了另外兩個重大的變化：愈來愈多的人開始在工廠工作，以及全美各地的工會開始爭取（並且成功了）較短工時——每日縮減至八小時。

短短數十年間，我們從自產自銷，變成到工廠工作、大量製造產品（這也意味著我們開始用時間換取薪水）。雖然時間滴答作響了數十億年，但我們是到了工業革命後，才開始用分鐘來計量時間，因為我們這時才終於有理由這麼做：時間就是金錢；我們工作多少小時和分鐘，與我們產出多少東西有直接的關聯。雖說人們工作向來都是為了金錢，但我們是到了工廠的年代，才開始精確計量工作時間的長短。

幾乎一夕之間，時間管理儼然成為生活在後工業時代裡不可或缺的一部分，時間經濟時代也於焉誕生。

今日

當然，你已經很清楚接下來的故事走向。一如我們的工作場景從農田轉到工廠，自1950年代起，許多人的工作場景又從工廠轉換到辦公室去了。

近六十年來，美國製造業占GDP的比例從原本的28％，掉到只剩下12％，這主要是因為愈來愈多的自動化製程取代了人力。同一時期裡，美國經濟成長最多的產業則是「專業暨商業服務業」（Professional and Business Services）。這個花俏的新興名詞，指的是一個巨大的經濟產業體，其中包括各個高科技、工程、法律、顧問和會計公司，例如蘋果、谷歌、波音、通用電氣、麥肯錫公司，以及德勤會計師事務所。過去六十年來，隨著製造業日漸式微，這個產業的規模比原先成長了兩倍之多。

當我們過渡到時間經濟時代，便開始用時間換取薪水。然而，如今已來到知識經濟時代，我們有許多其他東西可以拿來換取金錢，不再只是時間而已。多數不在工廠工作的人會結合他們的時間、專注力、精力、技能、知識、社交智商（social intelligence）、網路，以及最關鍵的生產力，來換取一份薪水。

今日，時間不再是金錢；生產力才是金錢！

瘋狂的念頭

這引出一個問題：在知識經濟的時代裡，時間管理會是什麼樣貌？

在此我要先向你揭露一個瘋狂的念頭，不過，隨著你愈深入閱讀這本書，你會愈來愈覺得它合理。那就是：**如果你想變得更有生產力，那麼管理好精力和專注力才是首要之務，時間管理反倒變得其次。**

別誤會我的意思，我認為時間還是很重要（我們並非生活在時間不存在的魔幻世界裡），只不過它不再像以前那麼重要，當時多數人都在工廠工作，才剛開始有了我們現在所熟知的傳統時間管理概念。

打從有人類歷史以來，時間從未停止流逝，我們也沒辦法讓它停下來。而且可以預期的是，時間仍舊會以不變的速度流逝，而每天真正會變的是你所擁有的精力和專注力。在知識經濟時代裡，這兩樣才是決定你生產力高低的關鍵；而且更重要的是，它們才是你可以實際掌控的東西。儘管時間是工作及大自然的必需品，但就生產力而言，時間應該只是你工作時的背景而已。

就拿「朝九晚五工作制」這個時間經濟時代所留下的最大遺跡來說吧！在時間經濟時代裡，朝九晚五的制度非常合理：我們有許多的機器和人力需要協調；時間就是金錢；工廠要高效能運作，非得讓機器和員工同時待在同一個地方。按照工時支付工人薪水是非常合理的，因為工人做的事情與機器做的事情並沒有太大的區別。

今日，生產力代表的是你完成為多少成就，而不是你生產了多少東西；此時，朝九晚五的工作制度就跟努力記錄人們在田裡的工作時數一樣，沒有多大的意義。再說，要是你的「生理黃金時段」剛好落在上班以外的時間，也就是說在早上六點到九點，或是晚上七點到十一點時精力最旺盛的話，該怎麼辦？或者說，要是你必須多工處理一大堆事情、卻難以集中注意力時，該怎麼辦？又或者說，若是你常碰到接二連三的干擾害你分神，又該怎麼辦？

我必須重申，時間還是很重要——只是我們不可能再回到用吃一根香蕉花多長時間來估算另一件事情費時長短的時代；然而時至今日，時間只是生產力方程式三大元素的其中一項而已。

更聰明地工作

我覺得有趣的是，談到時間管理，無法不連帶討論專注力與精力的管理。如果你以為我在胡言亂語，不妨想想這個觀念：當我們為某件事安排時間時，實際上我們做的是決定哪段時間可以將專注力和精力投注到這件事上；而這正是時間管理與生產力方程式融合的地方。換句話說，為某件事安排時間，其實就是依它所需投入的專注力和精力來決定。因此，你的時間、專注力和精力是密不可分的。

唯有在瞭解自己一天有多少精力和專注力，並且決定想要完

成的任務之後，時間管理才會變得重要。

除非你是企業家或執行長，否則不太可能對自己的時間有全然的掌控權。只要你與別人共事，就免不了要開會，而且必須管理好自己的時間——或多或少都要。既然你沒辦法完全掌控上班的工作流程（很少人有辦法），那麼你就非得想方設法騰出時間與別人協調。不過，除非你在工廠工作，不然你對自己工作的時間，以及要做什麼，至少應該有一些掌控權。

有些時候，我會規畫好一整天的行程；我發現，這麼做讓我超級有效率——特別是在我下定決心非要完成某件事的時候。不過前提是，在安排一整天行程之前，我必須先清楚自己這一天會有多少專注力和精力，以及最重要的是，知道自己打算完成什麼事情。

在我的一年計畫裡，我學會更聰明地工作，而非一味地加倍努力。這讓我完成不少成就，像是寫出你手中的這本書。之所以如此，不是因為我比較聰明或更有才華，而是因為我一路跌跌撞撞學到的一個道理，那就是：我必須告別時間經濟，進入知識經濟時代，才會變得更有生產力。

至於如何做到，接著就來分享一些我發現的絕佳方法吧！

第9章

少做一點

重點帶著走：當你持續長時間工作，或是花太多時間忙東忙西，通常並不表示你有太多工作要做，只是意味著你並未明智善用精力和專注力。就拿我一週工作九十小時的實驗來說，我發現自己在那段期間完成的成就，只比一週工作二十小時多了一點點而已。

預計閱讀時間：9分29秒

每週工作九十小時

我的一年計畫最令我興奮的一點是：因為我花了大部分的時間在閱讀、研究、進行採訪與實驗，以及寫作，所以嚴格來說只要我真心想做事，我每週可以工作達一百六十八個小時（七天乘以二十四小時）。我的工作可多可少，看我有多少時間可以投注在工作上面。姑且不提我要求自己每天必須做一堆事情的壓力，其實我對自己工作的時間長度，有完全的自由和彈性，也因此我才有可能進行每週工作九十小時之類的生產力實驗。（相較之下，在我一年計畫的其他多數時間裡，每週平均工作時數為四十六小時。）

在開始一年計畫以前，每當工作多到做不完時（幾乎天天如此），我通常會延長工作時間，以完成所有預定的工作。

當你感覺待辦事項的擴張速度宇宙無敵快時，延長工作時間似乎成為最佳的選擇。從表面來看，這麼做非常合理：工作的時間愈長，就有愈多的時間完成你必須做的所有事情。

但從實踐面來看，延長工作時間意味著重新調整焦距與充電的時間變少，因而導致更多的壓力，以及精力銳減。

這點讓我感到好奇，尤其當計畫裡的工作頓時增多之後，我不禁開始思索：有什麼更好、更聰明的辦法能完成所有事情？還是說，除了延長工作時間別無他法？

幸運的是，我已經營造出一個完美的測試環境，讓我有機會找出答案。

為了釐清工作時數與生產力之間的關聯，我設計一個生產力實驗，用以測試拚命三郎式的工作時數，以及悠哉處事般的工作時數，分別對生產力有怎樣的影響。於是，我花了四個星期實驗：先是一星期工作九十小時，下星期改成二十小時，如此交替兩回，看看極端的長時間工作，以及較短的工作時數，對我每天完成事情的多寡分別有什麼影響。

實驗過程中，我在每天和每週結束時，都會問自己以下三個問題：

- 我還剩下多少精力和專注力？
- 我容易分心嗎？
- 我是否完成預定的工作？

每天與每週結束時，我還會做一份清單，列出完成的每一件事，好讓我比較不同工作時數對生產力的影響。

身為一名科學控，我得說這不過就是個純科學的實驗。但很快地，我便從其中發現令我驚訝不已的兩大教訓。

兩大教訓

熬過一週九十小時的工作以及一週二十小時的工作之後，我很快從實驗日誌裡發現一些令我非常吃驚的結果：我在工作九十小時的那週裡所完成的事情，只比一週工作二十小時多了一點點而已。

在一年計畫裡最讓我吃驚的發現中，這一項肯定榜上有名。它徹底顛覆我對生產力的理解：我一向認為，延長工作時間，就能夠給你更多時間完成所有需要完成的事情。

從表面上看，這一點都不合理。但當我不再把目光放在投入多少時間在工作上，而是專注於投入多少精力和專注力之後，我才發現這一點非常合理。

在我瘋狂長時間工作的那週裡，我的工作變得更加不緊急；而且，無論我做什麼事情，我總是投入較少的精力和專注力。相反地，在每週僅二十小時的有限時間內，我強迫自己投注更多精力和專注力，如此才有辦法在短暫的時間內，完成所有必須做的事情。當然，在這個實驗裡，我感受到的所有壓力全都來自於自己。我沒有老闆或團隊，也沒有什麼火燒屁股的重大截止期限。即便如此，我從這個實驗所學到的教訓同樣有效：

藉由控制你花在某個工作上的時間，決定你要投注多少精力和專注力在上面。

我從這個實驗中發現到的第二個寶貴教訓是：**即使白紙黑字清楚寫明，長時間工作週和短時間工作週所完成的成就一樣多，我仍然感覺長時間工作的生產力高出一倍**。換句話說，雖然我並未明智善用專注力和精力，我還是覺得自己超級有效率！

當你整天忙東忙西時，你很難不覺得自己很有效率。但要知道，倘若忙碌沒帶給你任何成就，它就不等於效率。

在我開始一年計畫之前，當一天或一週結束、我在思索自己的工作成效時，往往會犯一個嚴重的錯誤：我把焦點放在自己有多忙，而不在於完成多少成就。生產力是一個很難定義的概念，因為你很難衡量每天到底完成多少成就，於是從忙碌程度來判斷自己是否有生產力，便成為一條快速、為求目的不擇手段、但通常不準確的捷徑。

在我工作二十小時的那週裡，我不由得為自己沒達到想像中應有的忙碌標準，而產生罪惡感。由於工作的時間變短，我認為自己生產力也變低了，於是我對自己超級嚴厲——即使我投注大量精力和專注力在所做的每件事情上，而且我完成的工作量與長時間工作那週差不多一樣。

我們每個人幾乎都會掉進這樣的陷阱。當你有更多的工作要做、但時間不夠時，你很容易落入一種錯覺，以為自己只有兩種選擇：堅持不加班工作、任憑進度落後，或是投入更多的時間完成全部工作。

然而，誠如我在這個實驗裡所發現的，你我其實還有第三個選擇，它不那麼明顯、卻比你延長工作的功效還要大多了，那就是：**學會投注更多的精力和專注力在你的工作上，這樣一來，你**

才能夠事半功倍。

對重要的事情，花更少的時間

當我一週只工作二十個鐘頭時，發生一件神奇的事情：我強迫自己在工時變短的期間內投注更多精力，好讓自己能夠更快完成工作。

當你限制自己只能花一定時間在某個重要的任務時，會發生下列各種情況：

- 你設定一個假的截止期限，這會驅使你在縮短的工時裡，投注更多精力和專注力。
- 你提高這項任務的緊迫性，因為你能夠執行的時間變得有限。
- 你會翻轉一些引發工作拖延的誘因，因為當你做這件事的時間變得有限之後，它會變得更有條理、不再那麼無趣、令你沮喪，而且不再那麼困難。

再說，假如你還利用生理黃金時段來做這項工作的話，豈不是生產力爆表嗎？

做完這項實驗後，每當我有重要文章要寫、演講要準備，或是剩下的計畫設法要完成時，我不再安排一整個下午做這些事情，而只會規畫兩、三個小時執行，而且通常剛好安排在我的「生理黃金時段」裡。再者，一旦我釐清某個任務所需花費的時間、專注力和精力之後，我總是能順利完成。

> “順便一提，對於你比較可能拖延的困難任務，縮短工作時數也是一個好方法，可以有效減低你對它的抗拒。舉例來說，某些日子裡我實在不想要運動或冥想時，我會在心裡先縮短冥想或運動的時間，直到我不再抗拒。譬如說：我能不能運動一個小時？才不要呢！我超抗拒的。三十分鐘呢？感覺好多了，但還是太長了。那二十分鐘呢？完美，我就運動二十分鐘吧！縮短做某件事的時間，每次都超級有效，而且這一招對於養成新的生活習慣也很有幫助。此外，等你開始做了以後，你多半會想加碼、超過最初因為抗拒而設定的時間長度。”

畢竟在時間如此有限的情況下，我沒有別的選擇。

每週究竟該工作多少小時？

如果限制做某件事的時間，能夠讓你更有效率地完成任務，那麼大致來說，減少工作時數是否也能達到同樣效果呢？

有趣的是，一些研究證實，減少工作時數的確能達到同樣效果。

如果一週只工作一個小時，無論你在這個小時裡如何有效管理精力和專注力，你絕對不可能多有生產力，因為一週只工作一小時，根本不夠時間去完成任何重要的事情。

但是，當你工作時間過長，工作效率同樣會大打折扣。每週工作九十小時以上，無疑會導致過勞。因為，這樣做會讓你幾乎沒有任何時間補充精力或重拾專注力。總之，你有可能工作時數太少，你也有可能工作超時。

那麼，「好球區」到底落在哪裡？你每週應該工作多少小時才算理想呢？

在我的一年計畫裡，我後來找到一個理想的平衡點：每週工作四十六小時。這讓我有足夠的時間完成所有的工作，同時讓我在一天當中有適當的休息，以補充精力和重拾專注力。不過，研究指出，每週理想的工作時數甚至比這更低。據研究的建議，最理想的時數大概介於三十五與四十之間。

從表面上看，三十五到四十小時似乎很低。當你的待辦事項始終多到無法在一天工作時數內完成，你可能會因為每週只工作四十小時而萌生罪惡感，特別是當你周遭每個人都持續工作五十、六十小時，甚至更多的時候。

但研究證實，每週工時一旦超過三十五或四十個小時的話，你的工作效率便開始直線下降。

從短期來看，偶爾加班的確能大幅提高生產力，特別是在截止期限迫在眉睫的情況下。有時候，因為臨時有大量工作要做，需要投入更多時間，只是一陣子而已。但從長遠來看，長時間工作會帶來災難，尤其是當它們害你沒空養精蓄銳、重拾專注力的時候（關於這部分，我會在接下來的章節討論）。研究指出，歷經三十五到四十小時的工作後，你的邊際生產力會開始下降，直到「大約八個六十小時的工作週，這段期間裡所完成的工作份量，跟八個四十小時的工作週完成的事一樣多。」該研究還發現，在七十和八十小時的工作週裡，短短三週就達到同一個損益平衡點。像我每週工作九十小時，才短短兩週我就碰上了損益平衡點，即使那兩週由閒適慢活的二十小時工作週隔開也是一樣。

不過，就算只是短期的長時間工作，通常也會降低你的工作效率。一項研究指出，假如你每週工作六十小時，為了每多完成一個小時的工作，你必須超時工作二小時。此外，另一項研究也發現，我們的生產力「在五十五小時後降至谷底，難怪有人會說：工作七十小時的人，額外的這十五小時都是做白工。」

總之，過了某個時間點之後，你只會開始做更多白工，而沒能完成任何重要或有意義的工作。你的確會少了許多罪惡感——就像我每週工作九十小時那樣，但你的生產力也會大幅降低。

在時間經濟的時代裡，工作所需的精力和專注力比現在少了很多，而且工作時間長短與你的產能多寡有直接的關聯，因此，拚命三郎式的長時間工作能夠讓你更具生產力。然而，今天的方程式已經改變。由於你的時間、專注力和精力三者都能幫助你更有工作效率，長時間工作反而會摧毀你的生產力，因為這樣會危害你的精力和專注力。

在知識經濟的時代裡，最有生產力的人不僅要管理好自己的時間，還得管理好自己的精力和專注力。限制自己花一定時間在某樣工作上——無論是重要還是普通的工作，是個能讓你明智善用時間、專注力與精力的絕妙方法。雖說每個人對自己工作的掌控權大小不一，但要一般人自定工作時間的長短，似乎不大合乎現實。然而，如果可能的話，你還是可以限制自己工作時間的長短；如此一來，便能投注更多的精力在必須完成的工作上，而不是一味投入更多寶貴的時間。

挑戰

縮減工作時數

所需時間：1分鐘

所需精力／專注力：4/10

價值：8/10

樂趣：8.5/10

你會從中得到什麼：你將學會投注更多的精力和專注力在工作上，以達到事半功倍的成效。

本章的挑戰很簡單：明天，在你的某個重要工作上設定時數限制，並堅守這個時限。

每當我要限制自己做某件工作的時數，我最愛用的方法非常簡單，就是在手機上設定計時器，以我認為所需完成時間的一半開始倒數計時。譬如說，如果我認為自己需要四個小時才能準備好一場重要的演講，那麼我只會安排兩小時做這件事，而且盡量安排在我的「生理黃金時段」執行。

這項技巧不見得適用於任務清單上的每一項工作，但它對於那些重要工作，以及截止期限迫在眉睫的工作超級有效。

一旦你開始在某些特定工作上限制時間之後，我敢打賭，你也會開始限制其他一般工作的時間。持續每週工作超過三十五或四十小時，只會讓你的生產力愈來愈低；因為這麼做會導致你犯更多的錯誤、做出更糟的決定，而這兩者都需要你花大量時間解決。此外，這麼做也會導致你錯過新的點子、機會、捷徑，也錯失更聰明工作的機會，讓你只是一味地埋頭苦幹。

當你持續長時間工作，或是花太多時間忙東忙西，通常這並不表示你有太多工作要做，而只是意味著你並未明智善用精力和專注力。

第10章

喚醒能量

重點帶著走：具備時間管理的技巧固然必要，但若是你能在精力最旺盛的時候（而非在時間最多的時候），去做那些最重要、最有意義的工作，你所達成的成就才會更多。總之，找出你的黃金時段；它極為神聖，值得你審慎善用。

預計閱讀時間：10分0秒

善用你的生理黃金時段

差不多在TED發表我訪談的同一時間，我的一年計畫也上了軌道，開始有愈來愈多的人想與我討論生產力。幾乎每次我都會被問到同樣的問題：我典型的一天是什麼樣子？剛開始，我常會不習慣回答這個問題，但等我習慣以後，我覺得自己的反應很正常。這是因為：十年以來我不斷在拿自己每天的日常作息做實驗，直到我找到一個最有生產力的行事模式才終於定下來。

一年計畫當中，我針對自己的日常作息做了相當多的實驗（包括每天早上五點半起床的那個失敗實驗），後來我找到一套最具生產力的日常作息：

- 早上6點半～7點：自然醒。
- 早上7點～9點：吃早餐、健身、冥想、淋浴。

- 早上9點～下午1點：寫作。
- 下午1點～3點：休息。
- 下午3點～8點：閱讀、安排並參加採訪和會議。
- 晚上8點～11點：休閒時間，就寢。

雖然這個行程表面上看來很簡單，但它背後有很多的考量。

不可否認地，花幾個星期追蹤自己的時間和精力水準實在很痛苦（尤其在這過程中你必須戒掉咖啡因、酒精和糖），但在第4章建議你做的挑戰，極具深遠的意義，而且能維持數十年而不衰。如果你實在無法忍受這項實驗，請至少在手機上設置整點報時，觀察一天當中的精力水準波動。

在我完成冥想實驗之後，我意識到自己有三項高影響力任務，它們能為我的一年計畫創造出最大的價值：寫文章、進行生產力實驗，以及閱讀和研究生產力。

一天當中最適合處理高影響力任務的時機，就是你的「生理黃金時段」。這麼做的原因不言而喻：在你的「生理黃金時段」裡，你能夠投注兩倍以上的精力和專注力在工作上。當你在黃金時段處理高影響力任務時，你可以更快完成、更加全神貫注、做得更加完美、抱持更大的工作彈性，而且開始更聰明地工作，不再只是一味埋首苦幹。

我的「生理黃金時段」介於早上十點到中午，還有下午五點到八點。一年計畫期間，我每天在這段時間裡主要只做兩件事：為我的網站寫文章，以及研究生產力。我設計一些生產力實驗，有些只是我工作時的背景（例如：一天只用一小時智慧型手機的實驗），有些則是我一或兩個星期當中的主要焦點（例如：冥想實驗）。每當我進行某個實驗時，我也會把它們融入我每天的日常作息裡。

在我算出自己何時最有精力之後，便在行程表上明確空出自己的「生理黃金時段」，不僅把它保留給高影響力的任務，也保留給一些臨時出現的重要任務。每當我要採訪生產力專家、接受重要的採訪、發表演說、埋首處理三大日常任務，或是碰到一些我希望自己盡可能全心投入、富含意義的約定時（例如跟我女朋友吃晚飯），我一定會把它們安排在我的黃金時段裡。

雖然在做事時難免會被打斷——畢竟沒人能對自己的時間有完全的掌控權，但我很快就意識到，我的「生理黃金時段」值得審慎善用，並誠心誠意地加以護衛。

這樣的關聯很簡單，但效果極大：你在「生理黃金時段」裡所安排的事情和約定愈重要、愈具意義，你的工作和生活也會變得更富影響力、更有意義。

此時此刻

在某些日子裡，你就是能夠輕鬆完成待辦清單上的各項工作，比其他日子完成的還要多。但在某些日子裡就沒那麼順利：儘管你都是按表操課，但你就是無法集中注意力，或是無法把事情做完。這是生產力最令人匪夷所思的一項特色，同時也是讓它難以定義的另一個原因：某些日子裡，明明每個細節都做對了，但你就是沒有足夠的精力或專注力把工作做好。

在我一年計畫結束前才塵埃落定的日常行程裡（至今依然沿用），我會冥想、脫離網路、用心工作、健身、充足睡眠，而且在工作結束後放鬆自己。儘管如此，在某些日子裡我會如神助般地順利，一整天可以寫出好幾千字，而且閱讀好幾百頁的文章，但在有些日子裡，我則是坐在辦公桌前盯著空白螢幕，沒有一丁點精力或專注力寫作或閱讀。

> **快速提高生產力：**
> 現在，馬上進到Outlook、iCal、Google日曆，或是任何一個你使用的行事曆，把未來幾週你的「生理黃金時段」保留起來，而且務必要設置提醒，在黃金時段開始前十五或三十分鐘就通知你。通知鈴響起時，就表示你應該準備全力以赴處理某個最重要、影響最大的任務。

認清你的「生理黃金時段」確實很重要，但同一時間裡，你的精力和專注力還是會以無法預期的方式起伏波動。或許你的同事跑去星巴克，買了杯咖啡給你一個驚喜；或許是你知道自己即將升職，接下來一整天你的心都無法平靜下來；又或許你的團員中午帶你出去吃了頓豐盛的生日大餐，結果一整個下午你的精力水準直落谷底。無論是什麼原因，總之，不可預料的事情就是會發生，你無法百分之百預測自己的精力和專注力程度。

像昨天我原本都已經計畫妥當，但就在我準備結束一天工作時，我發現自己有如神助，寫這本書的文思泉湧，源源不絕。我不想停止，因此持續寫作。我的精力遠比想像中充沛，於是我決定熬夜，寫一整晚，到早上再睡。如果你做某項工作時有如神助般地順利，而且有著十足的精力和專注力，即便是晚上十點，加上你又能靈活安排自己行程的話，你沒有理由不多做一點事情以提高生產力！

另一方面，假如到了晚上十點，你已經沒剩下多少精力或專注力，你最好早點去睡；等明天早上有更多精力和專注力時，再繼續前晚未完的工作。這點常識你一定知道，但容我再次提醒：知道不等於做到。要想更加慎重地工作，覺察是關鍵。你必須覺察自己的精力水準，如此才能聰明善用一天當中的能量。〔如果你天生就不具備禪定般的覺察能力，不必擔心；稍後會有一整個章節專門談論覺察與生產力（第20章）。〕

一般來說，我盡可能避免刻意管理時間，而且由於我盡可能少做約定（第14章），因此有很大彈性靈活調整一天的行程。如此一來，我便能夠在自己精力最充沛的時候，處理對我影響最大的工作；並且在精力最不足時，執行對我影響最小的工作。

慢慢地，我發現到一點：雖然在多數日子裡，我一整天的精力會有自然起伏，但在許多日子裡卻非如此。在這種時候，我愈能依照自己的精力水準調整工作內容，我的工作效率就會愈高。

> “在某些日子裡，我會發現自己的精力比平時更多或更少，這時我會簡單在每日三大任務旁標示1到10之間的某個數字，代表它們需要花費多少精力。這麼做讓我比較容易調整，依據我當時的精力和專注力，選擇合適的事情執行。”

總之，唯有在你釐清自己想要完成什麼工作、知道自己一天有多少精力

> 正如你的精力水準在一天當中會起伏波動，你的專注力也是如此。我發現，你的專注力會隨著精力的多寡而起伏，而且在一天當中的某些時段裡，你做事情的專心程度也會上下波動；譬如在辦公室人比較少的時候，或是當你沒有被排山倒海而來的會議與電話打斷或分心時。你有必要用心覺察自己一天當中的專注力變化——特別是當它波動特別大、當你家裡有小孩，或是當你手邊有團隊計畫在忙的時候。

和專注力之後，再來談如何管理時間，如此才不會本末倒置。

理想的行程鬆緊度

在一年的生產力計畫裡，我能掌控的不只是每週可以工作的時數長短，還包括每天行程規畫的鬆緊度。我的計畫跟我之前做過的朝九晚五工作不同，它沒那麼死板，我可以隨心所欲安排每日行程，自由做各種實驗，測試看看不同程度的行程規畫會提升或降低我的生產力。

誠如每週的理想工作時數，你的行程鬆緊度也會有一個理想的平衡點，不會太緊也不會太鬆。一定程度的規畫能讓你更有生產力，但又不會嚴謹到讓你覺得綁手綁腳、無法隨心所欲。

據創投公司Y Combinator聯合創辦人保羅・葛拉漢（Paul Graham）表示，知識經濟時代的人有兩種行程規畫：「創作者」行程，以及「管理者」行程。保羅在他部落格的文章是這麼寫的：「管理者行程是給老闆用的。它跟傳統的約會登記簿一樣，把每天行程切割成以一小時為單位。需要的話，你可以空出好幾個小時處理單一任務，但在預設情況下，基本上你每個小時會做不一樣的事情。」管理者的行程大多以會議、約會、電話和電子郵件為主。但如果你是創作者，情況則正好相反，你的日程表結構自然遠不如前者縝密，因為你沒有員工或計畫需要管理。

首要之務，你必須先認清自己是屬於創作者還是管理者。換句話說，你日程表結構的疏密度應該取決於你的工作性質。你有可能介於這兩者之間；以我來說，在一年計畫裡，我同時有許多的內容要創造，也有很多會議要開，於是我在早上會採用創作者的行程規畫，並將所有的會議和採訪安排在下午我的「生理黃金時段」裡。知道自己屬於哪一種人，能幫助你在工作上更有效地管理時間，並且讓你更懂得如何規畫每天的行程。

無論你是創作者還是管理者，一定程度的行程規畫是必要的。縝密的行程能幫助你善用「生理黃金時段」做事、引導你完成預定的工作，並幫助你養精蓄銳，好讓你一整天都充滿元氣。然而，除了認清你的黃金時段、想做的事情，以及工作性質，過於嚴謹的行程規畫反而會讓你一天的行程更為死板，令你感覺綁手綁腳，且比較沒那麼隨心所欲。換句話說，你的行程安排得愈密集，你就愈難靈活調整工作方式。

“同樣的道理也適用於休閒和週末時的行程規畫。工作之外的生活還需要縝密規畫嗎？這或許聽起來有違我們的天性（而且不太好玩），但研究證實，這樣做能讓你更加專注、更有創造力、更積極、更有動力、更快樂、更投入，也更能夠達到「心流」的神奇境界——此時，時間過得飛快，彷彿不存在一般。我不認同一板一眼的行程規畫或是完全放牛吃草（這有什麼好玩的？），但某種程度的結構是有幫助的。舉例來說，在我的一年計畫裡，我發現自己若是坐下來，粗略規畫自己週末行程的話，總會有更多的活力——即便我只是規畫某段時間要蹺著二郎腿、無所事事，也同樣很開心。”

挑戰

利用黃金時段工作

所需時間：5分鐘

所需精力／專注力：4/10

價值：8/10

樂趣：7/10

你會從中得到什麼：你將更有效地完成影響力最高、最重要的日常任務，因為你會在自己精力最旺盛的時段處理，而不是等到它們火燒屁股，或是感覺變重要之後才去做。

在我的一年實驗當中，我發現一個事半功倍的超級好方法，那就是盡可能地少管理我的時間，並且善用精力與專注力最旺盛的時段做事情（精力與專注力大致相互牽動，一天當中總是同起同落）。

你只需在一天開始之初，花五分鐘規畫工作行程，此舉帶給你的回報高達十倍。

明天，試著讓你的「生理黃金時段」以及精力水準決定你要做的工作內容。（我還把電腦上的時鐘給關掉了。會議開始前不久，我的日曆自然會通知我，提醒我預做準備。而且在規畫一天行程時，我總會先思索這一天我想要完成什麼樣的工作。）以下列出一些提醒，或許對你會有所幫助：

- 在日曆上的「生理黃金時段」裡，安排當天最重要的三大任務，特別是需要最多精力與專注力的工作。
- 捍衛你的「生理黃金時段」——這可是用來讓生產力破表的時段呀！
- 在日曆裡空出你的「生理黃金時段」，這段時間內不開放給別人。等時間到了，你要提醒自己準備轉換並埋首投入另一項任務。同時，你得保持這段時間的空檔，專門留給臨時需要處理的高影響力任務和計畫。
- 視實際情況調整。雖然一般來說，你在「生理黃金時段」裡的精力會比較旺盛，但在某些日子裡還是可能出現例外：你的精力有時會偏高、有時會偏低。總之，就順著它吧！當你發現自己比平時擁有更多或更少精力時，不妨調整一下工作內容。
- 如果你採用的是創作者的行程，不妨把會議和約會集中在一起，這樣的話，當你切換工作模式後，就能全部一起處理。

每小時的工作效率不可能一致，它取決於你當時有多少精力和注意力。正如每件事並非都同等重要，一天當中每個小時也並非同等重要。

一定程度的時間管理是必要的，但你之所以能夠完成更多對自己最有意義的工作，是因為你在精力最旺盛的狀態下執行，而不是在時間最多的狀態下執行。

總之，你的黃金時段神聖無比，務必謹慎善用。

第11章

大掃除

重點帶著走：把維修保養的工作統統集中起來，一次全部處理好，這是完美主義者面對問題事物時的最佳解決之道。但老實說，你若想要過著健康和高效率的生活，處理維護工作或安排「維修日」是必需的。

預計閱讀時間：8分8秒

最糟的工作類型

多年來，我一直對維修保養的工作很感冒，像是澆花、清理收件匣、剪指甲、分類郵件、準備午餐，以及採買雜貨等這類工作，我實在很不想做。維修保養的工作之所以非做不可，是因為它們能維持個人與工作生活的正常運作。然而，與你最重要、最有意義的工作相比，它們所能帶給你的回報實在太微薄了。

由於維護工作是生活中不可或缺的一部分，它們通常很難縮減、外包或移除不做，就像你工作上的低回報任務一樣（請見第四部）。然而，在你享有正常社交生活的同時，你也不可能不做這些基本的工作，像是把房子收拾乾淨、做飯、倒垃圾、洗碗和洗衣服等這類事情。我對此感到遺憾無奈，因為這些任務大量占用你有限的時間。

但不容忽視的是，它們能幫助你做好想要完成的任務。譬如說，你若不烹煮健康的食物，便很難吃得健康；你若是沒有每隔幾天刮一次鬍子、洗頭髮並吹乾，便很難有清爽的外表；你的房子或公寓若是亂成一團，你回到家就很難感到舒服。

在我一年計畫的幾個古怪實驗裡，有一個是邋遢一整個星期。那個星期裡，我餐餐都叫外賣、一星期才洗了三次澡、每天都穿運動褲或睡衣，當然同一時間我也盡可能在這樣的條件下，努力保持高度生產力。實驗進行到一半時，我開始感到愧疚，因為自己移除掉許多的維護工作。我因此瞭解到：如果你想要過著健康、快樂、正常社交，以及有生產力的生活，那麼維修保養的工作不可不做。

維修日

在我上大學、第一次自己一個人住時，我的維護工作很快地愈積愈多。突然間，我的衣服不再奇蹟般地洗好疊好、廚房裡不會自動出現新鮮的食材、我的植物不再有小仙子每週幫忙澆水一次。我每天都有成堆的維護工作要做，但同一時間，我又不想利用我那微薄又寶貴的時間去做，它們只不過是維持我正常的生活，其他一點用處都沒有。

某個星期天早上，當我絞盡腦汁思索，究竟要如何才能更有效完成這些新興任務時，突然間靈機一動：與其一整個星期裡每天都要做這些瑣碎的任務，不如盡可能把它們集中起來，一次全部搞定？

於是，就在我刻意不做維護工作的那一週之後，我又做了另一個實驗。在這個星期裡，每當有任務需要我完成時，我會把它記下來、暫時不去做，等下個星期天早上再全部一次處理。這麼做很有用，能夠達到事半功倍的效果。

從那以後，這個儀式一直沿用至今；我把它稱為自己的「維修日」。

維修日的儀式超級簡單，而且超級有效：整個星期以來，我就是逐一記下所有的低回報維護任務，從採買雜貨到剪指甲，全都寫在表上。在那個星期裡我完全不做，而是等到週日再一次全部處理。

平日週間，我終於不再因為做這些任務，而老是覺得自己的工作進度停滯不前。而且，一整個星期裡我有著更多的時間、專注力和精力，得以用在真正重要且有意義的任務上。

維修日做哪些事情呢？

如果你想知道的話，以下我列出這星期日早上要一次解決的完整待辦事項清單。以輕鬆的步調來做的話，全部做完需要花費我四到六小時的時間：

- 採買雜貨。
- 打掃房子和辦公室。
- 規畫飲食和健身計畫。
- 修剪鬢毛、刮鬍子。
- 洗衣服。

- 準備一整個星期的午餐，分裝至微波保鮮盒裡。
- 澆花。
- 閱讀我一整個星期收藏的文章。
- 審視我的各項計畫，並確定接下來的步驟（第15章）。
- 查看我的「等待清單」（第15章）。
- 決定未來一週想要達成的三項目標（第3章）。
- 清除全部的收件匣（第15章）。
- 檢視我的「熱點」（第16章）。
- 檢視我的「成就清單」（第26章）。

當然，你的「維修日」儀式會有所不同。舉例來說，如果你有孩子，在星期天早上打掃家裡恐怕不合乎現實。但是，或許你可以把每天打掃變成一星期只打掃兩或三天，把每天多數的時間保留給高影響力的工作。不管你的生活型態為何——無論你是單身的企業家，還是與家人同住的上班族，你肯定都有辦法把維修工作集中起來，一次同時解決。

從本質上來說，你的維護工作必須按時完成。你不能像處理其他低回報的任務一樣，總是縮減、委託、外包或移除。不過，你還是有權決定處理

> “如果你實在無法安排一天的「維修日」，不妨試著逐一記下你整個星期必須做的維護任務，並且建立一張維護清單。這樣一來，當你精力不足、無法專心處理高影響力或有意義的任務時，你就可以一次處理維護清單上的好幾個任務，多少減輕一些工作負擔。”

它們的時間點。將維護任務集中在一起、並改變處理它們的時間點，你就能為整個星期創造出更多的空間，用來專注在更重要的事情上。

維護工作有一個奇怪的特點：雖然它們需要大量時間完成，但大多數幾乎用不到你的精力或注意力。事實上，你不用費什麼腦力，就可以自動完成大部分的維護工作。

雖說多工處理任務會讓你的生產力下降——因為你無法同時做好兩件都需要全神貫注的工作，但在做維護任務時，多工處理卻有可能提高你的工作效率，因為它們幾乎用不到你的注意力和精力。換句話說，你在做維護工作時，你的專注力和精力是備而不用的。

以下是我在處理「維修日」清單時最喜歡的一些方法，讓我得以明智善用時間：

- 找別人（例如找女朋友）一起來做這些事，這會讓它們變得更有趣且更有意義。
- 一邊做事，一邊收聽「podcast」或有聲書。由於我在「維修日」當天累積了一大堆任務，等全部完成時，我往往已經聽完半本有聲書了。
- 打電話或Skype某人，這樣一來，在你做事的同時，還能跟別人進行一段有意義的對話。
- 做事的同時，全神貫注地鍛鍊我的「專注力肌肉」（第20章）。
- 在做維護任務時，刻意什麼都不想，讓我的心靈有機會休息或天馬行空地亂想（第17章）。

> 試著在做維護任務時設下時間限制，這樣能夠達到事半功倍的成效。千萬記得別利用你的「生理黃金時段」做這些事情，這段時間可是非常神聖呀！

想要在完成「維修日」任務的同時完成更多工作嗎？你有無窮無盡的選項：你可以下載某個語言教學的podcast，學習新的語言；或是計畫度假行程、做自身體重徒手重量訓練，或是練習一項新的技能。

雖然，你的生活裡不可能完全擺脫掉惱人的維護工作，但至少你在處理這些事情的時候，能夠更明智善用你的時間，並提升生產力。

力求不完美

在我第一次「維護日」儀式後的幾年裡，我發現它不僅讓人在一整個星期裡擠出更多時間，留給重要而有意義的任務，事實上它還能帶來一大堆的好處。有了「維護日」之後，你的身心不再煩躁，使你未來一週裡頭腦更清醒、精力更充沛。再說，當你一下子完成一堆事情、待辦清單上瞬間少了十或十五件事，你會感覺宇宙無敵輕鬆。

漸漸地，我開始意識到隱藏在「維護日」背後的一大好處：它讓我浪費更少時間。從本質上來看，維護任務本來就不必做到完美，因為它們的回報很低。雖然它們是工作的背後支柱，卻又不像所支持的高回報和有意義的任務來得重要。

許多人都是完美主義者，我也不例外。我們傾向於努力不懈地把一件事做好，而且要遠遠超越「夠好」的臨界點。然而，過了那個點之後，繼續投入時間所能換取的報酬卻急速遞減。

雖說畢卡索窮極一生追求精湛的繪畫技巧，每一個小小的改進，都能讓他的作品更加豐富。然而，低回報的維護任務無法提供同樣的投資報酬率。換句話說，過了某個點之後，若還要繼續努力把這些瑣碎任務做到完美，只會占用你處理其他更有意義或更高回報工作的時間。

把維護任務集中起來——無論是安排「維修日」還是記在維修清單上，這麼做能讓你避免花太多時間在那上面。如此一來，你在週間就能少浪費時間在處理低回報的工作，以至於有更多時間能專注在真正重要的事情。

追求完美有時是必要的，但維護任務不需要完美；你花多餘的時間在上面都只是浪費。你的確能讓你的房子提高10%的整潔度，但誰會真的在乎呢？

總之，把維護任務集中起來一次處理，是完美主義者面對問題事物時的最佳解決之道。

終結時間管理

在一本關於生產力的書裡，我只用了三個章節談時間管理技巧，或許有些奇怪。不過，誠如我先前提過的，在知識經濟時代，時間管理不如它在時間經濟時代那般重要。

在知識經濟時代，最有生產力的人把時間視為工作背景。當你與別人共事，為了更聰明工作、不再一味埋首苦幹，你的確有必要協調管理好自己的時間。然而，只要有機會，最具生產力的人會優先管理好自己的精力和注意力，時間管理則是次要。在過去，時間曾經是我們必須管理的唯一資源。但在今日，你的時間、專注力和精力的關係比以往任何時候還要緊密，於是最有生產力的人會兼顧好這三大元素。

要管理時間是做不到的；但你能做到的是管理工作的時間。總之，你無法管理或控制時間，它已經滴答作響138億年了，絲毫沒有任何停止的跡象。

挑戰

維修任務

所需時間：一個星期總共花10分鐘；「維修日」的儀式為數小時，時間長短取決於你累積多少任務要做。

所需精力／專注力：2/10

價值：7/10

樂趣：8/10

你會從中得到什麼：你會從一週當中騰出更多的專注力和精力，以處理重要的事情。此外，你還會減少拖延、頭腦更為清晰，而且一下子解決掉十幾件維修任務會讓你感覺超棒。

安排「維修日」的儀式，能有效幫助你在週間騰出額外的專注力和精力，值得一試。

接下來是本章的挑戰：在接下來的一週裡，你依舊處理各種應該進行的維修任務，但如果你覺得可以暫緩個幾天再做沒問題的話，就把它們寫在你的「維修日」清單上（不過像澆花或清理貓砂可能就暫緩不得）。你可能也會像我一樣驚訝地發現，原來週間不用做的維修任務竟有那麼多，而且可以將它們集中起來，寫到維修清單上，或是等到「維護日」再一起做。

然後，在接下來的一週裡安排一天或半天的「維修日」，一次解決所有任務。為了更有效利用這段時間，不妨在做這些任務的同時，把用不到的多餘精力和專注力，投注在更重要、更有意義的事情上，例如學習新的語言，或是聽你最愛的podcast。只要確保別在你的「生理黃金時段」裡做維修任務，這段時間何其神聖呀！

或許你也會像我一樣，一旦開始之後就回不去了。

| 4 |

生產力禪學

第12章

生產力禪學

重點帶著走：雖說查看電子郵件等支援任務可能是工作時的必要之惡，但若是你盡量縮減花在它們上面的時間、專注力和精力，就能有效提高生產力。一旦你為最高回報活動創造出更多的時間與空間，你將變得更有創意、更專注，且更富生產力。

預計閱讀時間：4分43秒

五月的禪

如果你有機會在五月造訪渥太華，並有一、兩個小時的空檔，不妨到位於市中央的人工湖「道斯湖」（Dows Lake）走走。湖景本身就已經相當漂亮（尤其到了冬天，湖水結冰後更是美麗，形成全世界最長的溜冰道之一），但更吸引人的是每年五月湖畔盛開的鬱金香。每逢五月之際，連接道斯湖的麗多運河（Rideau Canal）沿岸，就有約莫30萬朵的鬱金香齊放盛開。無論你喜不喜歡賞花，這裡絕對是你和情人或朋友一起放鬆的好地方，到處都可以聽到遊客的讚歎聲。

前不久，我在翻看自己一年計畫裡所拍攝的照片時，某張照片吸引我的目光，拍攝日期是5月5日星期天，正好是我計畫開始後的第四天。照片的背景是幾棵綠油油的樹木，前景則是我和我手中握著的一本書：加拉赫（Winifred Gallagher）所著的《全神貫注》（*Rapt*），這是我在一年計畫裡讀的第一本書。

這張照片完全傳達出我在計畫開始時的心理狀態：禪定般的平靜、滿滿的好奇心，以及我對生產力相關主題的極高專注力。

在我的計畫如火如荼展開、想做的事情愈來愈多之前，我只是單純想以平靜、好奇心，以及高度專注力度過這一年；這樣的念頭十分強烈，大到讓我甘願推掉一個（或兩個）高薪的工作機會。

機會來敲門

然而，隨著我的計畫開始之後，它的本質很快就有了變化。

在我的計畫進行短短八個月之後（亦即我每週冥想三十五小時的生產力實驗後五個月，以及TED官網刊登我的採訪內容才兩個月後），我的計畫一下子變得……嗯，龐大了許多。彷彿一夕之間，它的氣勢瞬間變旺，我的網站人氣也突然暴增：點閱率從每天幾百次變成幾千次；部落格上的訪客留言從每週少數幾則一下子暴增到好幾十則；我每天收到的電子郵件從30封左右，變成好幾百封。很快地，我接到愈來愈多媒體採訪、會議、生產力教學的邀約，多到我不知道該如何應付。

我的計畫中原有的禪定本質很快被打亂——所幸在可以控制的範圍裡。由於我的計畫剛開始便設定以生產力實驗為主，因此出現這樣的問題我欣然接受。

奇怪的是，我計畫裡暴增的工作，全是一些工作支援任務。像是回覆電子郵件、參加會議，以及定期更新社群媒體，都屬於工作上的「維修任務」，負責支援你最有成效的工作；它們就像洗衣服和繳納帳單一樣，無法說不做就不做。對我來說，工作支援任務幾乎跟維護任務一樣討厭，因為它們同樣會占用大量的寶貴時間、專注力和精力，讓你無法用來處理更有價值、更有意義的事情。

然而，我們之所以花太多時間在低回報任務上，還有一個微妙的因素：這些工作更容易做。它們形同工作領域裡的「網飛」，對於再一次檢查電子郵件、再打一通電話或多參加一場會議等事情，你的大腦邊緣系統比較不會抗議。在這些時刻，你很容易會說服自己，認為低影響力的任務比真正的工作還重要；但從長遠來看，你花時間在前者所得到的回報，比後者少太多了。

就像應付維護任務一樣，我發現有效處理低回報任務的關鍵不在於更快或更努力工作，也不在於瘋狂長時間工作、設法把事情做完；真正的解決之道，在於第一時間就縮減你投注其中的時間、專注力和精力。

少就是多

簡化工作中的低影響力任務之所以能如此有效，原因很簡單：花愈少的時間和精力處理，就有愈多的時間和精力投注在真正重要的任務上。因此，你應該要努力簡化你的工作，如此才有大量時間拿來做最富成效的工作。

你還記得小時候玩過的四乘四、16片滑塊拼圖嗎？其中有一格是空的，你得移動其他片拼圖拼出正確的圖案。你的時間就像這樣！你的行事曆裡留有愈多開放的空間，你就有愈多的彈性安排何時做哪些事情；加上你的專注力和精力隨時在波動，這麼做能讓你變得更有生產力。一旦簡化了工作行程，對於一些臨時出現的高回報任務和計畫，你的反應會變得更加靈敏。再說，世事難料：工作爆發危機、兒子罹患流感、老闆突然召開緊急會議，或是女朋友一直吵著要你陪她去跑步（這正是我寫這句話時實際發生的事情）等等，都不是事先可以預料到的事。

簡化行事曆得以創造更多空間留給高回報的任務，如此一來，當臨時發生緊急事件需要處理時，你才有更充裕的空間足以反應。

再說，簡化行事曆能讓你一整天保持禪定般的清晰思維，這感覺超級美妙！根據城市規畫人士的說法（搞不好就是規畫「期望路線」的同一批人），理想的高速公路車流管控，關鍵不在於車輛的多寡，也不在於車速的快慢，而在於車輛之間留有多大的空間。同樣地，每天所做的工作也是如此。當你努力盡可能排滿一天行事曆時，很難有多大的生產力；因為若是臨時出現什麼任務，你勢必會手忙腳亂。簡化每天的行程，等於為那些高回報活動保留更多的專注力，如此才能更加專心做好事情。總之，你的各項任務，就好比生產力高速公路上的車輛。

此外，當你為最高回報活動創造更多的專注力之後，還有助於你想出更好的點子。我們之所以常會在淋浴時（而不是在使用智慧型手機時）想到許多絕妙的點子，理由很簡單：沖澡的時候，我們為自己的頭腦創造出更多的專注力空間，天馬行空地恣意空想，許多新的點子和念頭便因此不斷湧現。而當你簡化生活中的低回報任務時，也會達到類似的效果。這麼做不僅能讓你有更多的時間和精力得以投入在高回報任務上，還能幫助你產生更多絕妙的點子。

一旦你為高回報任務和約定之間創造出更多的空間，你就能讓自己更加全心投入、更聰明地工作，並且給予它們應有的充裕時間和精力。

那實際上要如何做到呢？接下來的兩章裡，我會分享在一年計畫裡發現的一些絕妙方法。

第13章

刪減不重要事物

重點帶著走：你工作中的每一項支援任務都能夠刪減、委任他人，或者在少數情況下甚至可以完全不做。在你釐清自己花多少時間與專注力在問題任務之後，你的工作支援任務會相對容易處理得多。

預計閱讀時間：11分22秒

不重要的事物

儘管在一年計畫開始之初，我花了不少時間找出對自己影響最大的任務，卻沒有把低回報的任務當一回事，直到工作支援任務多到令我難以招架、生產力開始下降時，我才意識到自己早該予以重視。

有些事該捨則捨。

在我查看自己第一次的時間紀錄時，除了對自己的拖延時數感到驚訝之外，另一個令我訝異的則是：我一整個星期花在低回報維護任務上的時間，多得超乎想像。雖然我感覺自己很有生產力（因為我總是忙著處理它們），但它們卻沒有幫助我完成任何有意義的事情。

「帕金森定律」（Parkinson's law）指出：有多少可運用的時間，就會衍生出足夠的工作量來塞滿這些時間。在我的一年計畫裡，我發現這個定律特別適用於低回報的任務。由於你的大腦邊緣系統會抗拒做更具挑戰、最高回報的任務，因此低影響力的工作支援任務，幾乎就成為「工作迷幻藥」或「工作糖果」。當你在處理這些任務時，自然會感覺很有生產力；畢竟，你都忙得團團轉了。然而，它們卻沒能幫助你完成多少事情。

在仔細查看時間紀錄上的任務清單後，我找到在工作中占用我多數時間的問題任務——亦即塞滿我可運用時間的任務。以下根據它們所需花費的時間和專注力依序列出：

- 回覆電子郵件。
- 參加會議。
- 上傳部落格文章和電子報。
- 管理我的行事曆。
- 指導別人和企業提高生產力。
- 為旅行做規畫並做功課。
- 協調和進行電話會議。
- 進行網站維護。
- 管理我的社群媒體網站。

你應該也有類似用來支援真正工作的維護任務吧！（全世界幾乎所有的知識工作者都淹沒在電子郵件堆裡，而且始終有參加不完的會議和活動。）

不過，我發現這有辦法解決，因為：每一個支援任務都可以被刪減、委任他人，或是完全不做。

容易採收的果實

為了防止時間平白浪費，你會發現某些低影響力任務其實或多或少可以完全省略不做。不過，以我的經驗來說，要全數刪去這些任務幾乎不可能。在我過去做過的工作裡，公司付錢讓我做許多事情，但有些不見得值得我花時間去做。雖然我推掉愈多這類事情，我的生產力就會愈高，但這麼做也會讓我像個混蛋，甚至可能害我被炒魷魚。

儘管如此，你還是會發現某些任務和責任可以完全刪去不做。像是以下這些任務：

- 反覆召開的低回報會議。
- 低回報的電話、社群媒體與新聞網站上的「生產力上癮」，以及其他浪費時間的事情。
- 那些未能善用你時間、特殊才能或技巧的任務和計畫。
- 那些你貢獻有限、卻占用你大量時間的任務和計畫。

據我發現，你的工作支援任務裡可以安全刪除的畢竟不多。但如果在你的低影響力任務清單上，有些可以採收和移除的果實，還是值得你努力去做。這樣一來，你才能騰出寶貴的時間和專注力，拿來用在最重要的任務上面。

在我的生產力計畫裡，我發現自己能夠從任務清單上徹底刪除的只有一件事情：指導別人和企業提高生產力。雖然做這件事可以為我帶來可觀的收益，但它對我的計畫並沒有直接的貢獻，也不能讓我接觸到更多與我工作相關的人。

至於其他事情，欸，要刪減它們可真不容易呀！

大量刪減

我在游泳池裡！我在游泳池裡！！

——喬治·康斯坦薩（George Costanza，美國男演員）

當我每天都被困在天殺的電子郵件和會議裡一、兩個月後，我終於決定做個實驗，看看自己能夠刪減多少的工作支援任務，以騰出更多的時間和專注力，來完成更多實際、真正的工作。經過大量的試驗、錯誤，以及無眠的夜，我終於找到刪減低回報支援任務最有效的解答，那就是：

- 我得清楚自己花多少時間和專注力在支援任務上，並且，
- 設定限制以刪減任務。

要想更清楚自己每天都在做些什麼，你只需要做時間紀錄就行了。不過，時間只是其中一部分；要知道，低回報任務也會占用大量的專注力。

就拿電子郵件來說吧！當我在計畫中被電子郵件淹沒後，我向幾個朋友做了非正式的研究，請他們記錄一星期內每天工作時查看新郵件的次數有多少。知道這些人的平均次數是多少嗎？竟高達41次！太嚇人了！另一個（更科學）的研究發現，大多數

人每十五分鐘檢查一次電子郵件，一天工作八小時下來，相當於32次。當你每天檢查新郵件32次，意味著你的專注力從原本應該做的工作中轉移了32次。在這些情況下，要保持頭腦清醒是相當困難的。電子郵件或許是一件滿重要的支援任務，但你也用不著每天檢查32次呀！（我也好不到哪兒去：即便我努力認真工作，當時我每天檢查新郵件的次數還是高達36次。）

在你確認出自己的問題任務後，想想你一天專注在上面的頻率有多高，不妨利用一、兩天的時間正式記錄下來。

在你清楚掌握自己花費多少時間和專注力在問題任務後，將會發現處理起來容易得多。以我來說，刪減任務的最佳解決方案是設下限制，不僅限制投注其中的時間，也包括限制專注力。

霸占專注力的黑名單

在工作上，有些支援任務占用你注意力的比例，遠高於占用你時間的比例。舉例來說，大多數的郵件只需要花一、兩分鐘的時間回覆，但是當你每天花數十次檢查電子郵件時，等於你必須無數次反覆從重要任務轉移注意力到電子郵件上。（這樣的轉移加上多工處理所造成的成本非常龐大，大到我稍後必須用一整個章節來談論。）再說，當你心裡惦記著是否有新的郵件進來時，勢必會占用你更多的專注力，更別說新郵件通知提醒頻頻打斷進度（第19章），害你無法專心從事更高效率的工作。

若想刪減電子郵件這類任務對於時間和生產力的影響，我發現最好的辦法，就是限制自己每天把專注力投注其中的次數。比方說，我會關掉電子郵件通知提醒，並且只在幾個特定的時段查看郵件：早上、午餐前，以及一天結束時。另外我還發現，對於查看社群媒體、打電話，以及發送和回覆即時訊息等任務，類似的限制也同樣有效。

> “話說回來，有些電子郵件值得你花更多的時間處理。強迫自己在回覆之前先緩一緩，給大腦多一些時間整理出一封深思熟慮的回覆函。如此一來，你可以省下日後多次往返信件的麻煩。”

以下我列舉幾個一年計畫裡設定限制的例子：

- 每天只安排三次完整的三十分鐘時間，集中處理電子郵件。
- 限制自己每天只能查看5次社群媒體。
- 把類似的工作集中在一起，如此便不需花費太多注意力在上面（例如：一次打完所有要講的電話）。
- 限制自己每天只能開啟5個新的即時對話。
- 唯有當我有時間、專注力和精力應付任何臨時出現的事情時，才會查看新郵件。

事先決定你處理電子郵件等任務的時間（而不是隨時來了就處理，也不是當你想做就去做），可能同時帶來許多好處，例如：幫你騰出更多的專注力；使你更加用心工作；一整天都不必惦記著支援任務，因為你已經事先決定處理的時間。

我花了好幾個星期，才終於養成不再頻繁檢查郵件的新習慣，但在我養成這項習慣、減少關注低影響力任務的次數之後，又加上工作時不再那麼常連接上網，我的頭腦變得更加清楚，能夠投入實際工作的時間比過去多出許多。

霸占時間的黑名單

許多支援任務占用時間的比例，則遠比占用注意力的比例還要高。以開會為例，雖然有些會議的確很重要，但一般人浪費在上面的時間卻多到難以置信：一般上班族竟有37%的工作時間在會議中度過。在一項針對150名高階主管所做的調查裡，他們認為28%的會議不必要開，純粹只是浪費時間。（我敢說，對大多數上班族而言，這個比例應該高過50%，因為高階主管不會應邀出席毫無意義可言的會議。）不具生產力的會議與電子郵件之類的支援任務剛好相反：它們占用你大量時間，但幾乎用不到你的專注力或精力。

以下是我在一年計畫期間，針對會議而設定時間限制的幾個例子（當然，相較於大多數的上班族和高階主管，我對自己的時間有更大的掌控權）：

- 我限制自己每週最多參加四小時的會議（超過這個時間的任何會議，我一定推掉或取消）。
- 「休個假」遠離支援任務（例如，針對電子郵件放假一、兩天，或是設置一個臨時的郵件自動回覆，讓我可以專心應付高影響力的任務）。

這些限制不但促使我事情完成得更快，也促使我想出更聰明工作的點子，因為我的時間就只有這麼多。針對那些同時占用大量時間和注意力的支援任務，我認為替它們同時設置時間和專注力限制非常有效。在我的生產力計畫裡，當我發現電子郵件霸占大量時間後，我不但規定一天只有三個時段能把注意力放在清空收件匣上，我還設定一個規則：每封寄出的電子郵件裡，我最多只能寫5個句子；而且為了避免誤會，我還清楚註記在自己的電子郵件簽名檔裡：「為了你我的利益著想，我寄出的每封電子郵件裡，最多不超過5個句子。」我的電子郵件收件人似乎都能理解，而我也立刻發現，搞定收件箱從未如此簡單過。當我發現自己難以用短短5句話寫出回信時，這等於是提醒我：或許這件事用打電話來處理會更有效率。

至於某些名列「霸占時間黑名單」的事情（例如：毫無意義的辦公室閒聊），本質上更難馴服。雖說建立更深的辦公室情誼，有助於大幅提高你的生產力（第26章），但值得深思的是，這些無意義的辦公室閒聊是否會耗費你寶貴的時間。如果是的話，不妨制定一個計畫遠離閒聊，例如：在處理重要任務時戴上耳機、遠離瘟疫般的流言、找辦公室以外的地方休息、請打擾你的人幫忙你處理工作，或是在「生理黃金時段」裡關上辦公室的門等等。總之，上述方法能夠幫助你空出更多時間，留給對你影響最大的任務。

誠如「維修日」為你生活中的支援任務設定限制一樣，當你將工作中的支援任務設定限制後，它們就更難像原本那樣不斷擴張，進而占用你更多的時間和專注力。

> “你還可以安裝一個「晚點發送郵件」的外掛程式，以減少郵件造成的干擾。寫作此時我的最愛是：針對Gmail信箱的Boomerang（BoomerangGmail.com）和Right Inbox（RightInbox.com）；針對Apple信箱的SendLater（ChungwaSoft.com/sendlater）；針對Outlook信箱的SendLater（SendLaterEmail.com），以及針對Android的Boomerang（Boomerang Gmail.com）。”

回歸禪定

自從我的計畫上軌道之後，我不再像一開始收到大量電子郵件而每天檢查信箱無數次。慢慢地，我減少查看新郵件的次數。直到今天，我每週三次查看電子郵件。

每個星期一、三、五下午三點（每天下午三點正值我精力變少之際，也是我從「創作者」行程轉換到「管理者」行程的時候），我會開啟收件匣，逐一處理郵件。如今，我已經養成這個習慣很長一段時間。我珍惜我的時間，希望把時間花在讓我成就最多的任務上。我有另外一個優先收件匣，我每天會檢查好幾次，但大約只有10個人知道。這讓我最心愛的人，以及合作最密切的工作夥伴可以更快聯繫到我。和多數人一樣，我至今仍會收到許多電子郵件，但藉由改變處理它們的方式，讓我得以騰出更多的時間和專注力在每天真正重要的事情上面。

雖然你可能無法像我一樣有彈性，每週只查看電子郵件三次，但至少你應該善待自己的專注力，並從即日起開始減少查看信箱的次數。如果你想完成更多事情，擁有更充裕的專注力十分重要。如果你每次都在收到信件幾分鐘內就回覆的話，顯然你並未明智善用你的專注力。

在一年生產力計畫結束前，我為了捍衛自己的時間而不參加會議的態度變得愈來愈強硬。雖然做出這樣的變化並非易事，但若是一個會議沒有明確的目的或議程，或者不一定需要我出席，我就會推掉，免得平白浪費時間。只不過，要做到這樣並不容易。然而，每當我說出自己不出席的理由，人們通常都能諒解。當我非不得已一定要出席某個會議時，我通常會建議稍微縮短開會的時間，這麼做能促使與會的每個人在較短的時間內，投入更多精力和專注力在議程上，使會議進行得更快更順暢。由於Outlook日曆中，會議行程的預設結束時間是每小時的十五分、三十分、四十五分或整點，人們也就跟著默認這樣的限制。但為何不提前十分鐘結束呢？再者，如果一場會議可以用一分鐘總結的話，那麼它或許不值得你花時間參加。如果你拒絕的態度良好，而且有正當的不出席理由，人們通常可以理解的。

雖然要完全消除電子郵件和會議是不可能的，但你卻可以妥善控制花在它們上面的時間和專注力；我發現，最好的方法就是刪減你的低回報支援任務。

（嗯，正確的說法應該是「兩個最好方法之一」，容我稍後進一步說明。）

“據某個發人深省的研究指出，「人們在檢查電子郵箱時，大多數只是查看（郵件），卻未進一步處理。」因此，除非你有足夠的時間、專注力和精力來應付需要處理的新信件，否則不要查看郵件。”

挑戰

靜心禪定

所需時間：15分鐘

所需精力／專注力：7/10，不過這要視你的大腦邊緣系統有多強大。

價值：8/10

樂趣：4.5/10

你會從中得到什麼：每週你會花更多時間在對你影響最大，以及最有意義的任務上，不再老是忙著處理支援任務而停滯不前。

本章的挑戰依舊如之前一樣，非常簡單：從你的工作裡挑選一、兩個低影響力、但棘手不好處理的支援任務，藉由限制你花在它們上面的時間，以及關注它們的次數（或雙管齊下），進而加以刪減。

但容我稍微提醒一下！當你刪減低影響力的維修任務時，會發生一些狀況（相信你現在對此應該不再陌生）：你的邊緣系統會全力反抗。當你簡化一週工作，把焦點改放到更大、更富挑戰的事情上，你的邊緣系統勢必會搞破壞；於是你會感到內疚，擔心自己是否錯過重要的郵件、後悔推掉不重要的會議，或是必須不斷克制住再一次查看社群媒體的衝動。但你務必要克制住呀！就像剛開始戒斷上網一樣，這種不當的內疚感會隨著時間消退，屆時你就能更容易專注在真正重要的事情上面。

在你成功刪減低回報任務後，犒賞一下自己無傷大雅！一年計畫期間，我跟查爾斯．杜希格（Charles Duhigg，其暢銷著作《為什麼我們這樣生活，那樣工作？》廣受好評）聊天時他曾強調，形成新習慣的過程裡，獎勵至關重要。查爾斯表示：「當某個習慣和獎勵在神經方面緊密交織後，在我們的腦中便形成一條神經通路，把它們聯結在一起。」因此，在你成功刪減低回報維護任務後，不妨好好犒賞一下自己，為這個挑戰增添更多樂趣。長遠來看，這麼做對你有百利而無一害。

第14章

移除不重要事物

重點帶著走：「不」這個字是生產力工具組合裡一項非常厲害的工具。在知識經濟時代裡，時間不再是金錢，但若是能夠善用時間，金錢反而可以為你買回時間。當你對每個低影響力任務、計畫和約定說「不」的同時，你等於在對你最重要的任務說「是」。

預計閱讀時間：13分22秒

在我盡可能消除並刪減自己的任務後（包括：指導別人和企業提高生產力、收發電子郵件、參加會議、關注社群媒體，以及接受演講邀約），我得以騰出大量時間和專注力投入更重要的事情上。然而，一如往常地，我還是感到不滿足。

我仍舊有一些討厭的低回報任務需要執行，而且看來似乎擺脫不了。包括：

- 管理我的行事曆。
- 安排多方的電話會議。
- 上傳部落格文章和電子報。
- 為旅行規畫並做功課。
- 進行網站維護。

上述任務都得花上我大量的時間和專注力，但我認為這些時間應該拿來用在更重要、更有意義的任務上面。

所幸，由於我們透過低影響力任務所產生的價值有限，它們往往也就不一定非要由我們親自處理。因此，將這些任務委派給其他人來做最適合不過了；而這正是處理低回報任務第三個（也是最後一個）方法。

委派任務的確不是每個人都有辦法做到，但它其實比你想像得更容易。

你的時間值多少錢？

計算你的時間對你有多少價值，這是一項極具啟發性的計算。（我指的不是籠統的價值，而是精確用金錢衡量出來的數字。）

過去幾年來，每隔一陣子當我的生活型態改變時，我總會做這樣的計算。這需要花一點心思計算，但過程很簡單。這時候我會自問：**我願意支付多少錢買回自己一小時的人生？**

當我還是學生、幾乎沒賺什麼錢時，我願意支付的金額很小。由於我幾乎沒有錢買回自己的時間，也就沒有財務的自由聘請別人為我做事情。當時，我發現自己的時間大約值每小時5加幣。因為這個原因，我只能自己報稅；而且我願意以最低工資工作，因為我的時間價值跟最低工資差不多。後來到了我一年生產力計畫剛開始時，我則願意支付大約每小時10加幣買回自己一小時的人生。

然而，到我的計畫結束時，我的時間價值大幅提高：約莫每小時50加幣。那時我已經創立了一間小公司，開始賺進穩定的收入，並且認真考慮成立一個團隊，好將我那些最低影響力的任務委派出去。

此外，你也可以依據自己重視時間的程度，將家中事務委派他人處理。像是修剪草坪、鏟雪，或是打掃房子等任務，都很容易委託別人幫忙做，並且為你買回時間（或只需教導你的孩子做這些事情）。

誠如本書裡大多數的策略一樣，買回時間並不代表你就可以少做一點，而是讓你能夠更聰明工作、做更多你覺得有意義的事情。

我發現，我的時間價值總是圍繞在以下四件事情：

- 我賺多少錢。
- 我的時間對我而言有多重要。
- 金錢對我而言有多重要。
- 我力不從心的感覺有多強烈。

我認為，如果你目前有意聘請一位助理、虛擬助理（遠距替你工作的兼職助理）、實習生，或是一個團隊，首先你有必要計算出你的時間價值。完成計算之後，你或許會發現並不那麼重視自己的時間，那麼你就應該親自處理低影響力任務。又或者你覺得交由別人做低回報任務，可以為你創造價值，那就將低影響力任務委任出去。無論你目前處於哪種情況，你都應該費點心思計算你的時間價值。

如果你已經完成計算，並發現委請他人做事超出你的預算，不妨直接跳到本章最後一節「你字典裡最具生產力的一個字」；別擔心，你並不會錯過什麼。之後，當你的生產力大到需要聘請人幫忙時，你還是可以重回本章閱讀下面三個小節。

我的第一位助理

在一年計畫接近尾聲時，我聘請一位「虛擬助理」（virtual assistant）當作實驗。表面上看來，這個實驗非常完美：將我剩下的低影響力任務委任出去，我就可以一石數鳥。

同一時間內，我就可以：

- 藉由委派他人而擺脫掉剩下的低回報任務，並且，
- 騰出寶貴的時間和專注力給更重要的事情。

並非每個人都有能力聘請助理。不過，當我看了虛擬助理的價格後，我開始變得非常興奮。我可以任意挑選我中意的人選，並且將我的低影響力任務（連同一週當中臨時出現的低影響力任務）交由他處理。我當時願意支付助理的時薪大約是5到10加幣，遠低於我給自己估算的時間價值50加幣。當然，有些人索價更高，但我完全不會予以考慮。

不過，我的第一位虛擬助理實在很糟糕。

我無意拿她當代罪羔羊來掩飾自己的不對，畢竟我在雇用她之前並沒有做足功課。不只是因為她人在印度（不同時區對於溝通會有些困難），還有她人也很不可靠，永遠學不會新的任務；而且我有足夠理由相信，她說的英語大多是靠「Google翻譯」

出來的。再說，我給她的任務大部分都是數位的，所以即使跨時區也不成多大的問題。但因為她的英文不好，就連最小的任務都得花上我好長的時間教她；換成我自己來做的話，搞不好可以省下更多的時間和專注力。

我的第二位助理

值得慶幸的是，歷經數月換過幾個虛擬助理之後，我遇到了路易絲。

當我在TED Talk平台談論我的生產力計畫後，遠在丹麥的虛擬助理路易絲·約根森（Luise Jørgensen）偶然聽到我的演說，並在她的部落格上發表相關的文章。當我偶然發現她所寫的東西時，我沒多想就直接問她是否有空幫忙。從某種意義來說，她的部落格文章開闢出一條「期望路線」，直接把她帶進我的計畫裡。

我很快就發現，路易絲在各方面都與我其他低薪的虛擬助理截然不同。她超級聰明，幾乎每件事都能很快學會；而且，無論是我交付她的任務還是生產力相關的事物，她都經驗十足。如今，她仍為我工作，而此時的她正在泰國念書。

剛開始，我只請路易絲幫忙電話聯繫，以及上傳部落格文章和電子報。但沒多久，我就開始把其他的低回報任務也交付給她，像是管理我的行事曆、預約會面、規畫旅行並做功課，甚至網站維護（或是請她聘雇維護網站的承包商並管理他們）。

我支付她每小時25加幣的薪水，遠高於我的第一位助理，但她非常值得。有她幫忙之後，我感覺超棒的：晚上，我把忙完一整天的計畫交付給她，在我睡覺的時候她繼續工作，到了第二天早上，我再接著做。約莫過了一個月左右，我愈來愈信任路易絲，並且交付她更多的低回報任務。就這樣，我待辦事項清單上的項目愈變愈少，進而讓我能夠騰出更多時間和專注力給更重要且更好的事情。

在她身上，我終於找到符合心中聘請助理能帶來的好處（這是第一位助理沒能給我的）。聘雇虛擬助理的好處是什麼呢？以下我原話轉述路易絲的觀點：

「聘雇虛擬助理能讓你騰出時間，這樣你就可以專心投入你公司的核心活動，進而繼續拓展公司業務。一間公司成長得愈快，其待辦清單上的任務就愈多；因此，將一些耗時的任務交由虛擬助理處理，對公司的幫助很大。」

請了虛擬助理後，我發現自己有更多的時間寫作、做研究、看更多的書，並且採訪有趣的人——這些全是我最高回報且最有意義的任務。此外，我也開始有更多的專注力深入思考我的最高回報任務，進而做得更好。

至於每個人都適合聘請虛擬助理嗎？你要找什麼樣的幫助呢？路易絲再次給出一些明智的建議：

> 首先，你得知道自己要找哪方面的幫助。你主要是希望有人幫忙處理你的行政工作呢？還是你需要有人幫你處理好聯繫工作，例如處理客戶或同事之間的通訊往來呢？一旦你瞭解哪些任務需要幫忙，你就能找到具備相關能力的人。我還認為，如果你能找到一個跟自己合得來的人（這就是為什

麼我總要先跟潛在客戶談過，看我們的工作風格是否雷同再決定），工作成效會變得更高，合作起來更輕鬆愉快。從長遠來看，大家都能更開心。

不該犯的錯誤

雖然這一路上我也白走不少冤枉路，但我還是學到一些重要的教訓值得分享。在你決定雇用助理、虛擬助理、實習生，或是一個團隊之前，應該特別留意幾件事：

- **別怕多付點錢給更有能力的人。**能力愈不足的人，你就得成天花更多的時間和專注力來訓練他、與他磨合；這是一筆不容小覷的成本。基於這個原因，我建議如果你負擔得起，不妨多付點錢聘請更有能力的人。像是聘請一名好的虛擬助理，你大概需要支付15到30加幣的時薪。
- **聘請不同時區的人往往是件不錯的事情。**根據你的工作性質以及打算委派的任務類型，雇用不同時區的人實際上對你的工作或多或少有幫助。比如說，我會請路易絲上傳許多部落格文章和電子報；由於她人在海外，所以我可以在晚上完成後，交給她處理一整夜，隔天早上第一時間回傳給我審稿就行了。如果你聘請的人跟你位於不同時區，你首先得確保此人有足夠的能力；如此一來，你才能放把工作全部交給他處理。
- **一定要查看推薦評語。**好的虛擬助理通常會有合作愉快的雇主樂於推薦。你不妨花點時間查看別人的推薦評語；長遠來看，這麼做可以節省你大量的時間。

如果你無法聘請別人幫忙處理工作，當你有機會或有預算時，不妨考慮以個案的方式外包出去。

以下是我在過去幾年間發現的一些優質網站，也有些是朋友推薦的。無論你是要請人，還是外包個案，都可以參考看看（我跟這些網路毫無關聯，只是曾經使用過而已）：

- Fancy Hands（FancyHands.com）：招聘虛擬助理。
- Zirtual（Zirtual.com）：招聘虛擬助理。
- eaHelp（eaHelp.com）：招聘虛擬助理。
- Freelancer（Freelancer.com）：個案外包。
- Upwork（Upwork.com）：個案外包。
- 在社區大學及大學裡刊登招聘實習生的徵才廣告。
- 在Craigslist和推特上刊登招聘助理的「徵人啟事」。

如果你正在尋找合適的幫手（無論是外包個案，還是長期合作的對象），以上這些都是值得信賴的網站，可以提供你所需的幫助。

你字典裡最具生產力的一個字

在你的字典裡，最具生產力的一個字，是你年幼時最早學會的其中一個字；同時也是英文常見字排名第五十六的字，那就是：**不（No）**。

在我一年計畫逐漸上軌道之際，我意識到自己攬下了太多事情、多到自己應接不暇，於是我刻意培養每天對低回報任務說「不」的習慣。對我來說，無論大事小事（例如聽一個我不感興趣的「podcast」；回覆一封惡言相向的電子郵件；或是閱讀新聞網站上的社論），我都一視同仁。總之，我努力對那些沒有價值的事情說「不」，不再是來者不拒，這麼做省下我許多時間。

由於你可以消除、縮小，並且委任現有的任務和承諾，你手邊的任務和承諾數量並非恆定不變，而是會隨著時間變多或變少。如果你無法堅持捍衛你的時間和專注力，避免它們浪費在低回報的任務、計畫和約定上面，那麼你的生活很容易就會淹沒在低回報的活動裡。

葛瑞格．麥基昂（Greg McKeown）在2014年出版的精彩著作《少，但是更好》（*Essentialism*）裡，主張人們應該刻意少做，甫一出版便造成極大的迴響。我問葛瑞格為何他的書會打動這麼多人，他表示：「因為每個人都過得很辛苦。」

他接著說：「人們在職場和家庭裡都感覺太緊繃了；人們感到忙碌卻缺乏生產力；人們總為了雞毛蒜皮的小事煩心分神。」人們不斷努力做更多的事情，卻不是做正確的事情，因此導致更大的壓力、更糟的工作品質，以及更低的生產力。要解決這樣的問題，你必須把焦點放在工作和生活裡最重要的任務上面。

針對消除並拒絕那些他所謂的「非本質（nonessential）任務」，葛瑞格提出了一個我非常喜歡的原則：「90％法則」（90 percent rule）。他強調，我們不應該只消除或拒做毫無意義的任務，我們也應該要消除生活及工作中許多「還算不錯」的任務，因為它們會占用我們處理最重要任務的寶貴時間。「90%法則」很簡單：當你看到一個新的機會，先評估它具有多大的價值或意義，從1到100分不等。假如它的得分不在90分以上，就別做它。

葛瑞格表示：「你要做的不是塞滿事情，也不是把你的精力分散在許多不錯的事情上。你的精力最好只用在最棒的事情上面。」換句話說，你的精力只用來處理最重要的事情，也是最本質的事情。

當你對每個低影響力任務、計畫和約定說「不」的同時，也等於在對你最重要的任務說「是」。

同樣地，你所做的承諾和義務，也應該跟你最重要的任務和計畫息息相關。

你在工作和家庭生活裡所許下的每一項承諾，都需要花費你一定的時間和專注力。若是它們對你的影響或意義不大時，也會使你的生產力變低。就拿買房子來說好了，我有幸能在26歲就有能力買房，只要我想就能做到。然而，早在幾年前我就已決定不買房子。倒不是我一輩子都不想要買房子——我超喜歡擁有自己家的想法：有個庭院可以烤肉，還有我自己的獨立空間。然而，就像每天早上五點半起床的想法一樣，在我目前的

> “順便一提，這正是為什麼要用心嚴謹工作，而非更快、更辛苦工作的另一項重要原因。藉由放慢工作腳步，你處理事情的思慮也會更加周延、覺知力更強（第20章）；如此一來，當你眼前出現新的事情，你也更容易看清它能帶給你多大的回報。”

人生階段裡，這個想法根本不值得我花時間付諸實踐。住在公寓或大廈裡，我不用修剪草坪、倒垃圾、鏟雪，甚至連電器壞掉我都不用修理。擁有自己的房子並非我現在想要的承諾，因為我不想為了它，犧牲掉可以用在其他更好事物上面的時間。

總之，審視你所做的承諾，並思索它們帶給你的回報。這樣可以簡化你的工作和個人生活，進而釋放出更多的時間和專注力，留給對你最為重要的承諾。你需要審視的承諾包括：

- 全職和兼職工作。
- 你所隸屬的工會。
- 擁有並維持一棟房子、或第二棟房子。
- 教育的承諾（例如：上大學或學院，或是修幾門學分）。
- 人際關係和友誼。
- 你所參加的俱樂部。
- 你花時間積極培養的技能或愛好。

要想確認你的承諾和義務，我知道一個特別有效的方法：你可以檢視自己的低影響力任務，然後看看它們屬於哪一項承諾。你手邊的每一個任務或計畫，都源於一個更大的承諾。你只需努力思索各個任務或計畫隸屬哪一個承諾，接下來要確認出生活中最高與最低回報的承諾也就容易多了。雖然並不是每個低回報任務或計畫一定會隸屬於某個低回報承諾，但大部分都是。

我的生產力計畫之所以會順利上軌道，我相信其中一項最大原因，是因為我在那段時間裡大幅減少其他的承諾。在我開始一年計畫時，我減少做其他事的機會，並辭去我的兼職工作（也婉拒其他工作機會）。我甚至永久刪除臉書帳號，以騰出時間和專注力給我的計畫——這麼做為我帶來更多好處，也更有意義。雖然沒有這些承諾之後，我的生活表面上聽起來不再像以前豐富，但實際情況剛好相反。對我來說，我把時間花在一年計畫的做法，遠比其他事情都更具意義、影響更大；而且，減少其他承諾的數量，讓我得以更深入做好這項計畫。

馬友友之所以成為世界上首屈一指的大提琴家，不是因為他同時還忙著練足球、學騷莎舞，以及兼一大堆差事。他會成為一流的大提琴家，是因為他投入盡可能多的時間和專注力在練習大提琴，才會有日後神乎其技的精湛表現。

同樣地，蘋果電腦可說是世界上數一數二最富生產力且最成功的公司。當其他公司忙著拓展新產品陣容，就像在收集神奇寶貝卡一樣時，蘋果卻心無旁騖地專注在少數幾樣產品上，這使得它成為地球上最有價值的公司。這家公司只有四條主要產品線：iPhone、iPad、Mac，以及Apple Watch，每條產品線也只有少數幾樣產品，而且大約一年才更新一次。在我寫這段話的時候，蘋果已經是全球市值最大的公司，但它全部的產品光是一張小桌子就放得下了。因為懂得說「不」，蘋果有了今日的成就。

你隨處都能找到大量類似例子，足以印證簡化承諾可以讓你更加專注、更富生產力。這麼做能讓你更加善用時間、專注力和精力在你精心挑選、回報最大且最具意義的承諾上，並且能為那些重要承諾創造出更多的時間和專注力。

總之，最富生產力的人不僅花時間認清最重要的事情，而且還努力簡化其他所有事情。

挑戰

委任他人

所需時間：10分鐘

所需精力／專注力：8.5/10

價值：7/10

樂趣：8.5/10

你會從中得到什麼：你會更加釐清自己的時間價值有多少；有了這層認識後，便能得知自己願意花多少錢在委任及外包任務上面。

本章我給你的挑戰是，計算時間的價值。深入思考你願意花多少錢買回你一小時的人生：你得考量自己的收入、繁忙程度，以及你看重金錢和時間的程度分別有多高。然後，查看雇用他人幫忙所需支付的費用——找個好的助理、虛擬助理、實習生，或是你不熟悉領域的專業協助。

這可能是你做過最具生產力的一個計算。

如果你想要挑戰更高難度的話，你還可以這麼做：

- 明天刻意對5件事情說「不」，無論大小，設法拒絕就是了。
- 並且，探索最低回報任務是出自於哪些承諾和義務？問問自己，它們對你的人生帶來多大價值？你是否該考慮刪掉一些呢？

在三大生產力要素裡，你的時間最為有限；你應該盡可能明智加以善用。

| 5 |

靜下心來

第15章

清空腦袋

重點帶著走：把你心中想做的任務轉化出來寫成文字，可以有效清除你腦袋的空間，讓你更加有條不紊。來一趟「腦內大掃除」，不僅可以減緩你的壓力、幫助你集中注意力，還能促使你採取行動。

預計閱讀時間：16分18秒

滾雪球般的思緒

別人怎麼想我不清楚，至少我很難想像以前沒有書籍、報紙等傳播工具的日子。沒有這些管道的話，不就無法捕捉內心的想法，傳播給其他人嗎？

隨著印刷機於1440年左右問世，書本成為文明史上第一個大規模將知識和資訊外顯的工具，讓全天下的人類得以變得更有生產力。我們不用像從前一樣，成天只能靠頭腦承載大量知識過日子。相反地，我們可以把這些知識轉化出來變成大量藏書，並以它們為基礎，繼續創造出更新、更好的想法。

當然，也有些人認為，這是一件可怕的事（至少在剛開始時）。早在印刷機發明以前，蘇格拉底就對寫作這件事非常反感；他認為寫作會破壞我們的記憶、削弱我們的心智，甚至還斥稱寫作「毫無人性」。無獨有偶的是，今日也有人這麼評論維基百科和Google。然而，雖然人類的頭腦很厲害，但最新的神經學研究指出，我們的大腦無法有意識地同時處理多個想法。大腦頂多只能有意識地同時記住多個念頭，像是：想著必須完成的事情、惦記著要寄送的電子郵件，或者期待某件事情發生。若用一句話總結數十年來的複雜神經系統研究，那就是：我們的大腦是設計來解決問題、串連各個零星點，以及形成新的想法；但它不是設計來記住那些我們可以輕易轉化出來的資訊。

舉幾個例子來說：

- 我們可以將心中想做的事情轉化出來，記在待辦事項清單上，這樣它們就不會占用我們短期記憶的空間，不至於讓我們感到頭昏腦脹。
- 我們可以把約會和會議記在行事曆上，這樣我們就不用時時惦記；等約定的時間到了，行事曆自然會提醒我們。
- 我們可以把想買的東西轉化出來寫在購物清單上，這樣下次到商店採買時，才不會忘了一大半要買的東西，或是滿腦子想著某件重要的事，卻忘了買哈密瓜。

誠如首批問世的書籍並未削弱人類的心智一樣，把腦中的任務、約會和資訊提取出來也不會讓你腦袋空空。事實正好相反：這麼做反而會加大你的心智頻寬。此舉為你的大腦騰出空間，使它發揮原本應有的功能：形成新的思維、觀念，以及連接零星點；一旦你捕捉到它們，它們便如滾雪球般愈滾愈大。

你的大腦是一台極為強大的思考機器，但它並非儲存你所有待辦事項的理想場所，因為它根本就不是為了那個目的而設計的。

總之，你從大腦裡取出愈多東西，你的思緒便會愈清楚。

我的第一次腦內大掃除

我的第一本生產力書籍是大衛・艾倫的《搞定！》，大約在十年前買的。該書不斷強調的就是同樣的原則：你的頭腦並非儲存所有待辦事項的理想場所。艾倫設計一套前所未有的方法，讓你將腦中所有的任務和計畫提取出來，放置到一個外部系統（他的先知灼見令人佩服，因為在他之後的十年間才陸續出現大量研究，證實大腦裡懸而未決的資訊一旦提取出來，對我們的幫助非常大）。誠如大衛・艾倫跟我說的：「你的頭腦不是用來記住想法，而是製造想法。」

我幾乎想不起今天早餐吃了什麼，更別說高中時期讀過哪些生產力書籍了。所幸，有些事情到現在我還記得清清楚楚，比方說我的第一次腦內大掃除。

如果你曾列過待辦清單，你應該會很熟悉那種把所有待辦事情從腦袋裡提取出來的愉悅感受。當我第一次翻閱《搞定！》這本經典生產力著作時，艾倫設計一些練習提供給讀者，其中我最先做的一個練習，就是列出待辦清單（只不過我改良成更進階的版本）。當時我還在唸高中，不像現在有那麼多的責任和承諾，不過我還是按照書中的指示：準備好一支筆和筆記本坐下來，把飄浮在腦海中所有想做的事情，逐一全數寫出。我至今仍然記得當時看到自己寫出的東西後的驚訝感受。在這第一次的腦內大掃除裡，我大概捕捉到一百個待辦事項、進行到一半的計畫、一度忘記又再次想起等等一堆事情。一直以來它們全都深藏在我的腦海裡，在此之前我從未給它們時間或空間浮出表面。此時，每一件積壓在腦海裡的事情，哪怕只是輕輕壓著，我全都清楚寫到筆記本上。

艾倫解釋道：「你首先要做的，是捕捉所有注意到的事情，接著再來決定可不可行；可行的話，再決定下一步的行動，然後馬上付諸實行。」

做完這項練習後，我感覺到解脫（這麼說還太含蓄了），覺得壓在肩膀上的重擔不見了。

而且，我的思緒終於變得清晰。

據艾倫在書中描述，「任何只儲存在心裡『將要、可能、應該』的承諾，會產生非理性、且擺脫不了的壓力，二十四小時如影隨形跟著你。」

他說：「你需要做的，就是把這所有事情全都提取出來，並且有耐心地一件一件問自己：這真的是我想做的事情嗎？如果是的話，那麼下一步需要怎麼做才能逐步實現呢？答案不會自己跑出來；你必須自己思索出答案，決定下一步要做什麼：可能是上網查資料、打一通電話，或是在電腦裡草擬一份文件。鉅細靡遺地描述下一個具體可行的步驟，效果會非常大。」

這跟1920年代末期德國心理學家布爾瑪．蔡格尼（Bluma Zeigarnik）提出的「蔡格尼效應」（Zeigarnik effect）是一樣的：不完整或中斷的任務對我們心靈造成的壓力，遠比已經完成的任務還要大的多。當我清空重壓心頭的所有事情後，我才明白這句話有多麼真實；我體會到前所未有的空靈與清晰，而且壓力也變少了。我的心靈因此感到解放！（但值得一提的是，我當時還沒接觸到女孩子、威士忌和宇宙學。）

叮咚，您收到一則新想法！

艾倫的書不僅引導我在第一次的「腦內大掃除」把腦海裡的任務提取出來，它還教會我必須隨時捕捉腦中新浮現的任務，尤其在我想要保持頭腦清醒時，這麼做更是重要。但值得一提的是：把腦中所有未解決的承諾提取出來寫在待辦清單上是一回事，若你想要保持清晰頭腦的話，還是得避開低回報的任務。

從第一次「腦內大掃除」之後，每當我想到某個未完成的想法或點子，我就會把它寫在隨身攜帶的筆記本上（有了智慧型手機之後就改記到手機裡）。每當我想到有什麼東西要採買，我一定趕緊寫下來，免得忘記。而且，只要我發現心裡有事情懸在那裡，即便只是芝麻綠豆小事，我一定會把它提取出來，以創造更多的空間去關注更重要、更好的事情。

如果這聽起來像是強迫症，沒錯，它就是！然而，除了冥想，沒有什麼比這個更能幫助我清楚思考了。

十年過去了，如今我腦中的每個想法幾乎都是新的，因為我把腦中所有重要的事情全都記了下來，稍後再來處理，或是繼續延伸下去。每個人都可以（而且應該）這麼做！做了以後，你會驚訝發現，原來腦袋裡存放那麼多的事情、計畫和承諾；原來把它們收集起來放在一個地方後，你的頭腦會感到多麼清明呀！當你思緒清明時，你的大腦就能更專注在手邊的工作上。

我喜愛的一套方法

當然，光是把任務和計畫攤在檯面上還不夠。如果你針對捕捉到的東西沒有任何後續的動作，你的頭腦還是無法清出任何空間，因為它們依舊重回你腦海中，繼續給你壓力。

在過去的十年左右（尤其在我的一年計畫期間），為了處理我捕捉到的任務和計畫，我試過數十種待辦清單和任務管理App。它們大多數都很好用，但我並不認為有哪一個特別好、值得推薦。就我的經驗來說，你要用什麼工具管理你的任務和計畫都可以，只要你覺得它好用、操作起來順手就行了。

目前，我用來捕捉、並管理所有待辦事項的方法滿簡單的。工作時每當有什麼任務、點子，或是其他懸而未決的想法閃過腦海時，我會隨手拿起身邊一個設備，打開記事App把它們記下來（我所有設備裡的記事App都是同步的）。然後等每個星期一、星期三和星期五檢查完電子郵件後，再來逐一檢視我記下的事情，並把它們添加到待辦事項清單或行事曆上。

此外，我的待辦清單再簡單不過了：它就是另一則記事，只是我會把它置頂在記事本裡。清單最上面會列出每日以及每週必做的三件事，下面則列出其他待辦事項。我也有使用行事曆的習慣，不過我盡可能少排事情進去。

在我試過全天下的任務管理App後，我的工作流程變得簡單多了。因為所有設備裡的記事App都做到同步，一旦腦中浮現什麼任務、想法和點子，隨時隨地都可以輕鬆地收集。當手邊沒有電子設備時（例如：晚上八點後的關機儀式），我還是會在口袋裡帶一支小筆和筆記本。我不但經常更換不同的App和設備，也經常會使用紙張記事。

姑且不論我是如何管理身邊所有事物；總之，我捕捉、並管理任務的基本工作流程，多年來都維持不變，整個過程早已變得非常流暢。

如何統整所有事情

每個人的做事方法都不一樣，所以我不打算推薦某個特定的組織工具。重點不在於哪個方法最能有效管理任務，而在於哪個方法對你最合適。我所認識最有生產力的人當中，大多數都用紙筆來管理任務，你千萬別小看這個方法。然而，如果你還沒找到一套合適的方法，不妨找個跟我目前所用方法類似的工具。你幾乎感覺不到它的存在，因為它能完全融入你既有的工作方式。它應該還能方便你查看、管理、並優先排序所有的待辦事項；如此一來，你便能輕輕鬆鬆將想法、事件、任務和計畫整合在一起。

當我嘗試把腦中懸而未決的事情像趕牛羊般引導出來後，我發現除了待辦事項和日曆事件外，還有別的東西值得捕捉。其中有兩個是我從《搞定！》一書裡學來的：「等待清單」和「計畫筆記」；其餘則是我嘗試多次、證實有效的點子。

以下是我認為最好的組織工具，它們能夠有效幫助你組織和處理所有的任務和計畫。

「等待清單」

《搞定！》一書裡，讓我受益良多且最喜歡的經典部分，除了提取腦中思維的絕妙方法外，就屬「等待清單」了。我喜歡把「等待清單」想成是待辦清單的性感地下情人；它的特點的確跟性感地下情人很像：兩者都具備你期待發生的一切。它跟待辦清單一樣需要你定期查看，確保沒有漏網之魚。

如今，我幾乎可以確定地說：你肯定在等待一些事情發生，但只是放在心裡，如果你不跟進的話，它們有可能像漏網之魚一樣溜走。以我某個星期的「等待清單」為例，裡頭有大大小小的事情，包括我在等候亞馬遜網路書店寄來的包裹、幾封重要電子郵件的回信、某某人欠我待還的錢、重要的來電和來信。總之，我差不多把所有等待的事情全寫在這個清單上。

由於我固定每週三次查看我的清單（在一年計畫期間，每當我檢查完新郵件，也會接著檢查我的「等待清單」），並已養成捕捉自己心中等待事情的習慣。幾年下來，我沒有遺漏掉任何一件事情，而且不再那麼擔心自己做不好事情。一旦你捕捉到某件事情，便能立刻停止擔心。我在自己的記事App裡也規畫了「等待清單」，讓全部事情都記在同一個地方。此外，我還會將清單項目依

> “**要捕捉心中等待的事情還有另一個很棒的方法**：每當寄出一封需要回覆的重要電子郵件後，把信件拖曳至「等待」檔案夾；這麼做也可以防止你的重要郵件回信被丟進垃圾信件匣。”

照不同屬性分類，如：家庭、欠款、電子郵件、電話等。

獨立的計畫筆記

將「計畫」筆記獨立出來，是我從《搞定！》書中學到的另一個非常喜歡的經典做法。假如有某個簡單且獨立的事件（比如下班後去商店買幾樣東西），或者是個只需幾個簡單步驟就能完成、有結束或截止期限的計畫，我就會把它歸類在「計畫筆記」裡。在我的記事App，我也會為各個正在進行的計畫獨立記事。

如今，我的獨立計畫筆記包括：我正在規畫的旅行、正在準備的演講，甚至還有一個是寫這本書的計畫。每一個計畫記事裡，都包括讓計畫順利進行而需要牢記的各種資訊，以及最重要的是：清楚列出下一步必須採取的行動。為每個計畫獨立記事，不僅讓我把未完成的任務從腦海中提取出來，也讓我得以制定合理可行的計畫，一步一步推動、進而順利完成。我會在所有計畫記事的標題前面加上PRO，這樣讓我在查閱按字母排序的記事時，方便集中管理。

每逢「維修日」，我會逐一審視自己的計畫清單，以決定下一步要做些什麼，然後再把這些待辦事項複製到下一週必須達成的任務清單上。這麼做之後，即使我手邊經常有幾十個計畫同時進行，我也幾乎不太會想到它們；因為我知道「過去的我」已經把事情安排妥當，並且在新的一週開始之初，就已經捕捉好「現在的我」（和「未來的我」）必須處理的所有事情。

多數的計畫需要更多的專注力甚於所需要的時間。打個比方：如果你有個三十分鐘的演講要發表，即使只有半個小時，但你可能會跟我一樣，在演講之前會花上好幾個小時思考和擔憂。把你的計畫從腦中移轉出來，這樣你才可以每週逐步加以推動；做完計畫之後，你只需專心處理好眼前事情就行了。

憂慮清單

在我大學畢業後、還沒開始一年生產力計畫前的某天下午，我心裡有一大堆煩惱：煩惱自己到底該接受全職工作機會，還是開始「最有生產力的一年計畫」；煩惱畢業後的健保該怎麼處理；擔心未來的生活狀況等等。雖然我為這些無法決定的煩惱分別建立了一個計畫記事（包含明確的下一步行動），但我還是無法停止擔心。於是，我特別把「擔心」這個情緒給轉化出來。

為了拿回更多的專注力空間，我做了一張表格，上頭列出所有擔心的事情（當然其中大多數都是我自己嚇自己），並且每天安排一個小時思索清單上的所有事情。如果一天當中，我發現到自己正在擔心某件事情，我會提醒自己晚一點再去想，因為我已經排定時間專門留給擔心的事情。一旦出現新的事情讓我開始擔心，我會把它捕捉出來放進清單裡，如此我就可以稍後再為此事操心了。

多數時候我並不需要這份清單，但如果我覺得事情開始超出掌控範圍，而我又想要清出部分腦內空間的話，我才會建立這樣一張清單來整理思緒。

重新審視收件匣

稍加留意一下，你會發現到自己居然有好多個「收件匣」。

我對「收件匣」的定義是：任何一個用來儲存別人對自己期望的地方，形式不拘（例如：回覆電子郵件、推文、臉書留言、語音訊息、LinkedIn好友邀請、實體郵件），或是儲存你對自己期望的地方（例如：聽「podcast」、整理辦公桌上的文件，或是精讀你所收藏的書籤網頁）。我骨子裡就是個完成主義者——有著事情非完成不可的強迫傾向，所以別人寄來的訊息我非讀不可。然而，就像大部分的人一樣，我的「收件匣」愈開愈多，多到不可收拾的地步。

這就是為什麼我在「維修日」時，會重新審視所有的收件匣，進而清空過去一週積存的內容。此外，週末時我也一定會把記事App裡累積的想法和任務清空。

大雜燴

如果你想進一步把深埋腦海裡懸而未決的事情提取出來的話，這裡列出幾個我最喜愛的方式，你不妨試試：

- **到處都放個筆記本**：我喜歡在想法一浮現時就捕捉下來，但由於我的手機從晚上八點到隔天早上八點都是關機狀態，我不可能每次都把它們記到手機裡。因此我會到處放置實體的筆記本——真的是名副其實的「到處」！我在浴室裡放了一本AquaNotes防水記事本，用以記下淋浴時浮現的想法。我在床頭櫃上放一本筆記本和一支專門設計給飛行員用的發光筆，記下睡眠當中或醒來後想到的事情。出門若沒帶手機的話，口袋裡一定隨身攜帶記事本，一有想法就記下來。唯有將腦中的想法、任務和見解捕捉下來、並採取行動後，它們的價值才得以發揮。唯有到處都放個筆記本，我才有辦法捕捉到一大堆的想法。

- **改用簡單好記的密碼**：要記住密碼真的很辛苦。不過，我已經找到兩個解決辦法：首先，我利用密碼管理器的軟體儲存所有的密碼，並且能自動輸入密碼（我推薦1Password和LastPass這二款App）。此外，需要設置新密碼時，我也有一套簡單的方法：我的密碼就是該網站或該服務的名稱，只不過在輸入網站名稱時，我會選擇各個字母在鍵盤上左邊的字母（例如：Google會變成fiifkw），並在後面加上一組獨特的字母、數字與符號組合，每一組密碼用的都是同樣的組合（例如全都加上8s5x8，那麼Google的密碼就成為fiifkw8s5x8）。這使得每一組密碼都獨一無二，別人不可能會猜到；而且最棒的是，你也不可能會忘記。
- **歸檔電子郵件**：有些事情不值得留在你的腦海裡，這也跟你儲存封存電子郵件的位置有關係。最近一份由IBM所做的研究裡，針對將電子郵件儲存在檔案夾的用戶，以及直接將電子郵件封存的用戶做比較，看哪種方式在日後搜尋信件時會比較方便。整體來說，研究對象平均花費66.07秒搜索一封電子郵件，但從檔案夾裡搜尋一封電子郵件則平均要花費72.87秒，這還不包括用戶之前將電子郵件逐一歸檔所花費的時間呀！所以說，你犯不著花時間或專注力在歸檔和查找電子郵件上，你只需搜索就行了。

紙上談兵的生產力

打從十年前受到《搞定！》一書的啟發後，我發現自己一不小心就會越過某條界限：你會花太多時間管理和規畫你所需要做的事情，卻沒有真正去執行。雖然生產力的關鍵在於多放點心思在工作上，但有時候心思會飄得太遠。我發現，許多對生產力深感興趣的人都很容易落入這樣的陷阱，我也不例外。

我發現最富生產力的人懂得在兩個極端之間取得平衡，他們清楚捕捉和組織待辦事項的重要性，但不會為了「讓生產力更具生產力」而犧牲掉真正的工作。

一些研究指出，光是製作待辦清單的簡單行為，就會降低你完成工作的可能性。因為建立一份任務列表，就等於模擬完成實際工作——雖然什麼事都還沒完成，只是紙上談兵而已。儘管我強烈建議你來一場「腦內大掃除」、把所有懸而未決的事情從腦中倒出來，並隨時捕捉你注意到的事情，以騰出更多的注意力空間；然而，同樣重要的是：你必須保持高度覺察，別做得太過頭了。若只是因為你感覺自己很有生產力，並不意味你真的很有生產力。當你忙著組織從腦中提取出來的事情時，這一點你必須謹記在心。

《搞定！》一書至今仍放在我書架上的醒目處，封面朝外，不像架上其他的書只露出書背。我認為這本書名充分說明我過去十年來的寫照，書中傳授的方法完全融入我的工作和生活，讓我感覺不到自己其實一直在身體力行。

但話說回來，我從來沒有百分之百採納書中的方法。那套方法非常複雜，很容易就會做過頭。令人佩服的是，艾倫曾多次表示，《搞定！》一書方法論的關鍵，並非要你照著它制定出完美的計畫；而是將你想做的所有事情具象化、進而組織起來。你可以從中挑選適合自己的部分，剩下的都別管。

他對我說：「給自己幾個小時的時間，捕捉注意到的每一樣事情；你不必想太多，只要開始注意那些浮現在腦海的東西。」

把腦海中的每件事情傾倒出來並攤在眼前，好處遠大於壞處；但值得注意的是：當你採用這種方法（或本書其他任何一個方法）時，一定要保持高度覺察，千萬別太過極端。生產力的技巧是用來幫助你更聰明地工作；但前提是，你得真正工作，不然再好的技巧也沒用。

挑戰

捕捉

所需時間：20到30分鐘

所需精力／專注力：9/10

價值：9/10

樂趣：9.5/10

你會從中得到什麼：雖然表面上可能看不出來，但這或許是本書當中最有趣、最解放的一個挑戰。你會清理出大量的注意力空間，一整天專注在重要的事情上，並且能夠全心全意投入工作。此外，你會感覺更加平靜；況且，由於你的工作都在掌控之中，沒有任何漏網之魚，你的內心會十分踏實。

在一年計畫期間，我學到一件非常寶貴的經驗（尤其當我要改變生活和工作方式時更是適用）：我想要做的改變愈小，我愈有可能成功做到。要做的改變愈小，也就愈不那麼讓人畏懼，在實踐過程中也更容易堅持下去。這就是為什麼書中大多數挑戰的規模都比較小，如此不僅讓你更有可能實踐，也讓你更有可能堅持下來，變得更具生產力。譬如說你想要培養一個健身習慣，但每天只允許自己運動五分鐘，想必一週過去後，你肯定迫不及待要延長運動時間。

將腦中的任務、計畫等所有懸而未決的事情提取出來也是一樣的道理。把腦海中所有事情全捕捉出來，能為你創造極大的價值，但你也很容易潛得太深而感到沮喪，或是潛得太深而做過頭。

總之，我給你的挑戰是進行一場「腦內大掃除」，當初就是這個儀式讓我開始對生產力著迷。進行之前，先將所有的電子設備關掉，準備一本筆記本和筆坐下來，捕捉浮現你腦海、吸引你注意力的所有事情，無論是待完成的任務和計畫、你一直在擔心的煩惱、一度忘記的事情，還是你在等待的事情。

一旦寫下所有引起你注意的事情，我猜你應該會想利用外部的工具開始進行管理（但願能夠延續你的美好感覺）。

第16章

居高臨下

重點帶著走：定期每週審視你的工作和成就，不僅讓你更清楚自己完成哪些成就以及哪裡需要改進，同時也讓你更加掌控自己的人生。添加「熱點」(hot spot)則能幫助你更加善用這個技巧，確保你始終走在正確的道路上。

預計閱讀時間：9分37秒

居高臨下

當我開始捕捉腦中的任務、計畫和擔憂後，我意外發現到另一個好處。

在《搞定！》一書裡，有個「每週審查」的重要儀式。透過這個儀式，你會看到自己過去一週捕捉出來並且組織好的所有事情，包括你的計畫、「等待清單」等。從宏觀角度看待所有的任務、計畫和承諾時，你會感到十分興奮；因為這麼做除了讓你提前為未來一週做好規畫，確保沒有漏網之魚外，還能讓你對自己人生有全新的看法。

每當我翻閱自己的計畫和任務清單等資料，總覺得自己好像坐在飛機上，看著我居住的城市在我腳下迅速縮小。我處理到一半的任務就像是行走在下面街道的車子，如今縮小成昆蟲般大小。我可以同時預見自己即將完成的任務有多麼多，以及能夠從中挪出的空間有多麼大。而我正在進行的計畫就像是底下的建築物和停車場，如今也縮小許多，讓我清楚看出它們會如何結合、進而刻劃出我未來的人生風景。此外，我還可以開始思索我所做的承諾，它們就形同車子和建築物所在的社區。你也應該每隔一段時間，登高俯視你的日常生活，如此便能以全新的角度客觀看待。同時，這麼做也能讓你看清是否需要調整航道，做出改變。

況且，你有機會登得更高、望得更遠，這時就得靠「熱點」這個簡單技巧幫忙了。

生產力與掌控權

生產力相關書籍之所以能吸引眾多讀者，是因為書中承諾能夠幫助我們重拾對所做一切事情的掌控權。

我喜歡那種「事情都在我掌控之中」的感覺。當我從腦海中清出所有任務、計畫，以及懸而未決的事情後，我獲得更多的注意力，足以專注在眼前的任務上，這讓我對於自己的工作有更大的控制權，並且讓我變得更有生產力。

如今，雖然我要做的事情比過去任何時候都還要多，我對於自己工作的掌控權卻比過去任何時候都還要大。

當你後退一步、重新獲得工作的掌控權，你就能更聰明、更有意義、更審慎用心，且目標更為明確地工作，如此一來，你也就能輕輕鬆鬆提高生產力。

目前為止我在書中所列出的方法，都已經成功幫助我重新獲得大量的時間和專注力，進而讓我擁有更多的時間、注意力和精力，運用在真正重要的事情上。

不過，至今我們談過的方法裡，沒有一個像這個一樣，能讓你感受到對於自己生活的極大控制。將腦中的任務和計畫提取出來，的確可以幫助你更專注、更少煩惱，並將你的想法和計畫如滾雪球般不斷推進；然而，你知道嗎？你其實還能更上一層樓，讓你在腦中的任務和計畫捕捉出來後，感覺自己對於工作和生活有更大的掌控。

「熱點」的概念聽起來很炫，但十分簡單：它讓我感覺到對自己工作的掌控權變得前所未有地大，也讓我得以從一萬英尺的高空俯瞰自己的工作和生活。

將你的人生簡化成一張清單

在一年生產力計畫期間，我發現一件有趣的事情：有各式各樣的方法宣稱能幫助你我組織或控制生活，但大多數並不值得我們花時間去做。

我認為，每一種生產力方法的投資報酬都應該要非常高，畢竟你每花一分鐘學習提升生產力的方法，你就失去一分鐘實際工作的時間。

所幸，熱點符合上述高標準。

你的熱點就是你人生的投資組合。從宏觀角度來看，你所有的任務、計畫和承諾都脫不出七種基本「熱點」——該詞彙由邁耶（譯注：即第一部裡提到的微軟商業課程經理）所創。

根據邁耶的說法，我們每天會將時間（以及專注力和精力）投注在以下七個領域裡：

- 頭腦。
- 身體。
- 情感。
- 職涯。
- 財務。
- 人際關係。
- 樂趣。

在我認識的人當中，90%的人所做的承諾都符合這七個生活領域——雖然他們採用的名稱不太一樣，像是「家庭」或「心靈」等。你的熱點採用什麼樣的名稱並不重要，重要的是，你能從宏觀角度，找到概括自己所做一切的基本生活領域。

當然，光是簡單列出七個熱點，威力還不夠大。若是你能進一步延伸，逐一列出各生活領域裡的細項承諾，這個熱點清單才能發揮強大的威力。拿我來說，在我的熱點清單裡，我進一步延伸了我的「頭腦」熱點，並在其中列出所有相關的承諾和責任：

- 學習（透過書籍、Instapaper稍後閱讀書籤服務、podcast、有聲書、RSS訂閱文章）。
- 冥想。
- 閱讀。
- 音樂。

- 覺察。
- 放慢速度、更從容謹慎地工作。
- 在工作和生活元素裡騰出更多的專注力。
- 抒壓（冥想、閱讀、聽音樂）。

這個方法的主要精髓，在於每週回顧一次熱點清單，想想你在過去一週分別花多少時間在上面，並想想未來的一週你打算關注哪些地方。

雖然我花了好幾個星期，才將各個熱點底下的承諾和責任全數列出，然而一旦完成之後，每當我望著這張清單，就能清楚看見我的人生風貌在我面前展開。

我會因為在「身體」熱點下看到「牙齒」，想起自己好一陣子沒看牙醫，便趕緊預約；因為在「人際關係」熱點下看到「我的父母」，想到下星期要打電話給他們；因為在「樂趣」底下看到「週末遠離工作」，意識到自己過去一週工作太辛苦了；因為在「頭腦」下面看到「覺察」，便提醒自己未來一週要努力提高覺察力。經過這樣每週一次的審視，我找到一些本來可能會遺漏掉的任務，趕緊安排下週處理。

每週當我仔細檢視清單、逐一思考各個項目和未來一週所需做的改變，並且評估自己過去一週的表現時，我等於跳脫我的任務、計畫和承諾，上升到一萬英尺高空清楚俯瞰自己的人生。

而且，最棒的是，我把未來一週的航道都先設置好了。

偏重某個熱點

要做到無時無刻不用心謹慎行事，幾乎是不可能的任務。這正是為什麼生產力比較不像科學，反倒更像是一門藝術。

在反省完自己的第一次時間紀錄後，我非常自責，因為我覺得自己明明可以更有生產力。但在透過一些訪談和實驗之後，我發現沒人能夠做到時時刻刻都用心謹慎地高效率行事。

最具生產力的人與其他人不同的地方在於：他們每個星期都會修正方向，一步步把事情做得愈來愈好。

我發現，建立詳盡的人生熱點清單，正是每週修正方向的最佳工具。每逢「維修日」，我都會仔細審視各項生活領域的詳細列表，並問自己下列幾個問題（其中有些來自邁耶，有些則是我在一年生產力計畫裡自創的）：

- 下週我需要花更多時間在哪些地方？
- 上週我在哪些地方花太多時間？
- 下週我需要安排或做什麼？
- 下週我需要在哪些地方提高覺察？
- 各個領域裡，我還有哪些未解決的問題？
- 我的各個熱點在下週出現什麼樣的新機會？
- 我下週的目標會遇到什麼阻礙？
- 我所有的承諾是否都朝正確的方向進行？
- 我是否需要增加或刪除哪個承諾？有沒有哪個承諾需要延伸或縮小？

- 上週我哪些地方做得非常出色？

時至今日，這樣的省思總是幫助我修正方向，讓我每週的所作所為更符合我的價值觀和目標，不會白走太多冤枉路。

雖說沒人能夠時時刻刻按照價值觀行事，但長期來看，最具生產力的人還是能夠依循他們的價值觀做事。他們會定期修正方向，當每週結束時發現需要改善的地方，便在下週立即調整。即使在短期內，難免會有突發危機和不重要的事情占據你大量的時間和專注力，但只要你每週審慎做出調整，從長遠來看，你的所作所為還是能夠符合你所珍視的價值觀。

同時我認為，最有生產力的人還會花一些時間，努力思索哪些才是人生中最重要的熱點，以及是否有需要短時間「偏重」專注在某個熱點上，而非其他熱點。這就像人們在職業生涯初期會花較多的時間在工作上，以確保職涯的順利發展，並且為自己累積資源，日後得以運用在其他地方。以我的情況為例，我曾一度「偏重」在「職涯」熱點上，投入大量的時間、專注力和精力到我的一年生產力計畫裡，因為我很清楚，它所帶來的長期回報值得我這麼做。

制定熱點清單還有另外一個很大的好處：如果其中一個熱點發生問題，並不會導致整個投資組合也跟著完蛋。譬如說，如果你丟了工作，你的「人際關係」、「財務」和「情感」熱點都足以支持你，直到你找到新的工作。

檢視我的熱點清單，如今已成為我最喜歡的每週儀式，沒有什麼能比它更能幫助我從容地工作和生活。

最後一個清單——我保證

審視熱點清單的儀式的確能帶來極大的成效，不過我發現它還有另外一個絕妙用處。

審視熱點清單這件事每週其實都大同小異，你會持續進行的承諾大致不變，像是看牙醫、打電話給你的父母、記得要遠離網路，或是保持高度覺察。唯一會變的，是你每週在工作或生活裡所忙的計畫，亦即有開始和結束日期、不出幾個簡單步驟就能完成的計畫。

多年來，我對於手邊正在進行的計畫，一向用獨立的記事本記下我從腦中提取出來的想法，但我卻從未為這些計畫建立一個總清單。雖然根據《搞定！》理論方法而衍生出的數百個App應該可以幫我做到這一點，但在我試過之後，再一次發現它們不合適，因為大多數只會妨礙我做好實際的工作。

後來，我想到一個建立計畫總清單的簡單方法，亦即把它們與熱點結合，將所有計畫分門別類歸在各個熱點之下。（如果你一翻開本書就看到這一頁，這幾句話應該會讓你一頭霧水吧！）就像創立一個隨時可供檢視的熱點清單一樣，這張清單簡明易懂，但非常有效。

在我的「財務」熱點下面，我列出以下這些計畫：

- 還清助學貸款。
- 報稅。
- 減少外出用餐以及叫外賣的開銷。

- 做明年開支的預算。
- 存錢去愛爾蘭度假。

誠如我的熱點清單能讓我登高俯瞰自己的人生，在我填好計畫總清單之後，我也得以迅速飛上高空、俯視自己正在進行的所有工作，同時看清自己在人生各個領域正努力做出的改變。這麼做也提醒我，在未來一週應該要專注在哪些工作計畫，以及該改進哪些生活領域。雖說時時更新計畫總清單得花費不少時間，但每個星期我都能因此提升到高處，俯視自己人生的各個領域，思索我所做計畫的箇中價值，進而探索其他更具價值、足以提高生產力的新計畫。

對我來說，生產力提高後最大的一個好處，就是對於自己正在做的所有事情能夠有更大的掌控權。當你在地面上工作時，你很難清楚掌握所有事情；當你忙碌處理事情時，你很難從眼前的工作抽離出來，退後一步思索它的重要性。這正是為什麼我們有必要每天和每週預先規畫的重要原因。

同樣地，你要如何善用時間也是類似的道理。當你淹沒在成堆的事情當中，你很難上升到高處俯視你的人生，看清何者重要、哪裡需要改變。

有了熱點之後，你就能夠做到！

挑戰

熱點

所需時間：10分鐘

所需精力／專注力：7/10

價值：7/10

樂趣：9/10

你會從中得到什麼：你會用前所未有的角度看待你的人生，並能反思手上所有任務、計畫和承諾的重要性。

一旦將工作與私人生活裡的所有任務從腦海中提取出來，並養成隨時捕捉腦中新浮現任務的習慣之後，不妨嘗試逐一審視你捕捉出來的所有事情。只要它們有條不紊，你應該就會感到非常心安穩當，因為你能夠預見自己人生的各個面向。

創立一個熱點清單並定期審視，是我用來進一步強化這種感覺的最佳方法；它也是讓我工作更聰明（而非更辛苦）、我最喜愛的方法之一。當我審視計畫清單時，我會刪除一些任務，為未來一週調整方向。

當我第一次坐下來建立熱點清單時，大概花了十分鐘列出我人生中的各個領域。在接下來的幾週裡，每當有新的熱點浮現，我便將之捕捉到我的記事App，並利用每週清理記事的幾次機會，把它們加入熱點清單。

在本章的挑戰裡，我要你做同樣的事情：花十分鐘思考人生有哪七個領域。如果你已經決定開始「維護日」的儀式，可以利用這個時段定期檢視你的清單，看看未來一週有哪些地方想要改進。當你沒能完全按照自己所重視的價值觀行事時，別太自責，畢竟沒有人是完美的。此時的你只需要調整方向；假以時日，你肯定會獲得想要的平衡。

第17章

創造空間

重點帶著走：利用淋浴之類的機會，任由思緒天馬行空且不受干擾，此舉有助於腦力激盪、解決問題，並豐富你的創造力。

預計閱讀時間：9分53秒

淋浴時的神經迴路

回想你上次沖澡時，你可能注意到自己在一、兩分鐘後，發生了一些有趣的事情：你的腦袋開始東飄西想，想到等一下要做的工作內容、早餐要準備什麼，還有某天晚上聚會忘記買哈密瓜的事情。偶爾在淋浴的時候，腦中甚至會浮現出某個絕妙的點子或見解。

這樣的經驗幾乎每個人都發生過。

你或許還注意到另一件事：當你心不在焉瀏覽網站或使用智慧型手機時，卻幾乎不曾發生類似的經驗。在你一邊沖澡、一邊任由思緒天馬行空的同時，你可能會出現靈光乍現的時候；但當你滑手機時，腦中卻鮮少浮現出絕妙的想法。

這種現象之所以發生在淋浴、而不是滑手機的當下，原因很妙：當你一邊沖澡、一邊任由思緒馳騁時，你為自己騰出更多的注意力空間，為腦中的想法、點子和見解開闢出更大空間，讓它們得以從潛意識深處浮現出來，並獲取你的注意。

當你給思緒夠多的時間和空間天馬行空，你便能騰出更多的注意力空間，更深入思考攤在你眼前的所有事情。而且，誠如許多研究證實，如此能夠幫助你更聰明工作，而不再一味埋頭苦幹。

大腦的兩種模式

研究指出，我們的大腦成天擺盪在兩種模式之間：「天馬行空」模式（即我們淋浴時所體驗到的現象），以及「中央執行」模式（即我們在滑手機或全神貫注做某件事時的體驗）。

你不可能同時處於兩種模式之中，而且多數專家都建議我們投入相當時間在兩種模式裡。誠如丹尼爾・列維廷（Daniel Levitin）在《大腦超載時代的思考學》（*The Organized Mind*）裡提到的：「在兩種專注力的拉鋸當中，西方文化過分強調『中央執行模式』，而輕忽了『白日夢模式』。」由於兩個模式各有不同特性，值得我們分別投入時間。列維廷解釋：「負責解決問題的『中央執行模式』通常會診斷、分析，但缺乏耐心；『白日夢模式』則是有趣、直覺且輕鬆的。」有些研究甚至表明，當你處理複雜工作，或是需要更多創造力時，「天馬行空」模式對你很有幫助。

但是，隨著時代的進步，要讓頭腦做白日夢變得愈來愈困難。近年來，我們愈來愈常沉溺於使用電腦、平板，以及智慧型手機這類刺激大腦邊緣系統的裝置。雖然人們因此更方便上網，卻也被剝奪做白日夢的機會；因此，當我們要做決定或有問題需要解決時，便很難退後一步思索解決之道。今日，典型美國人平均每週花費五十一・八個小時盯著螢幕看（包括智慧型手機、平板電腦、筆電、桌上型電腦，以及電視），相當於每天平均有七小時二十四分鐘的時間在看螢幕。假設你每晚都睡七・七小時（全美平均值），這意味著你醒著時，有45%的時間都盯著閃亮的長方形電子螢幕。由於在專注某事時你無法任由思緒天馬行空，因此不間斷上網對生產力造成的損害非常之大。

一年計畫期間，令我最難忘的一個實驗是：一天只使用一小時的智慧型手機、為期三個月的實驗。經過一段不再隨身把手機塞在褲子口袋的日子後，我注意到自己的思緒開始會飄向一些新點子和想法，這是實驗之前不曾經驗到的事情。大幅削減使用手機的時間之後，不僅給我更多時間處理更高影響力的任務，還讓我騰出更多的注意力空間加以思索。沒有手機可看之後，每當我忙完工作，我的腦子就會自動轉成「天馬行空」模式，因而創造出更多空間，讓點子和想法得以浮出意識表層。

直至今日，倘若我每天不騰出三十分鐘以上的注意力空間、任由我的思緒天馬行空，我的生產力就會降低！

大腦永遠不會停止

在你為自己騰出更多注意力空間後，之所以容易出現靈光乍現的時刻，原因很簡單：因為你的大腦從未停止思考。

我很喜歡一個由阿姆斯特丹大學心理學家艾普．狄克思特修斯（AP Dijksterhuis）所主導的神經系統研究；在這項研究裡，參與者獲知4輛汽車的資料，並被要求選出一輛他們可能會購買的汽車。研究人員通常心懷鬼胎，這項研究也不例外。他們讓4輛車中的某一輛比其他3輛更吸引人，看參與者會不會因此選它。他們把參與者分成兩組，第一組裡只提供每輛車的4項特性；第二組則多出許多，列出12項特性。因此，兩組分別知道16項和48項的車輛特性。

接著，這兩組參與者又分別再拆成兩小組。在做出決定、挑選出一輛汽車之前，兩大組裡其中一小組參與者有4分鐘時間仔細研究車子的特性，另一小組則有4分鐘時間專心玩毫無相關的字謎遊戲。看起來第二小組似乎處於劣勢，因為他們並沒有充足的時間，好認真思索究竟該選哪輛車。

究竟哪一組人比較會選呢？

好玩的地方來了！比較會選的是每輛車只給4個特色，而且有時間思索的那一小組人。結果其實並不意外：當只有幾個選項的時候，他們很容易就能推斷出哪一輛車最好。但令人意外的是：當一輛車有12項功能供參與者衡量時（總共要考量48項），反倒是無法用意識衡量車子特性的小組，表現優於另一個有完整4分鐘足以深入思索出最佳車輛的小組。更誇張的是：前者的表現大幅優於後者。費心思索決定的那組參與者當中，只有23%的人選對車子；但在無意識做出決定的那組當中，選對車子的人則高達60%。

該實驗結束幾年後，卡內基美隆大學（Carnegie Mellon

University）的某個研究團隊也做了類似的研究。只是他們把專心玩字謎的活動，改成死記一組數字，同時利用功能性磁振造影機掃描參與者的大腦活動過程。

這個團隊發現一些有趣的東西：當參與者腦中負責記憶數字的區域被啟動時（一定會啟動的），他們的前額葉皮質也會跟著啟動；因此，即便他們全神貫注在數字記憶上，他們的大腦仍在繼續處理汽車的問題。換言之，當參與者在處理與手邊無關的任務時，他們的潛意識依舊在東想西想。

雖說科學界對於人類潛意識的威力尚無定論，至少這些研究指出一件重要的概念：我們的頭腦永遠不會停止思考。即使我們把全部的注意力集中在某件事情上，我們的大腦依舊像電腦一樣在後台持續運轉。如果我們碰上一個特別複雜，或是需要創造力解決的問題，把它們交給潛意識可能會做得更好；若能為自己騰出更多注意力空間的話，成效則會更佳。

創造空間

基於這個原因，我開始在一年計畫裡，實驗更多把頭腦轉成「白日夢模式」的方法。

在準備TED的演講時，我會把手機留在家裡，只帶著記事本和筆就跑去逛加拿大國立美術館——從我住的地方只需要搭幾站公車就能到達。為了想出新的生產力實驗，我會在午餐時到外頭散步，任由想法萌芽。週末時分，我會坐在人來人往的咖啡店裡，只帶著一本筆記本，隨時捕捉腦中浮現的各種念頭。

每當我挪出時間、任由思緒天馬行空的時候，我一定會隨手帶著筆記本，並關閉身邊所有令我分心的裝置，進一步騰出更多的注意力空間。每一次我都能捕捉到至少十多個想法、點子、任務，以及我應該聯繫或跟進的人名。屢試不爽的是，每當我騰出空間任由思緒馳騁時，總會有無數想法衝進我的注意力範圍；此時我會先將它們捕捉到記事本裡，稍後再來處理。就某種程度來說，這個一年生產力計畫的目的，就是連接零星點，進而形成創意的想法；為了達到這個目的，最有效的方法就是什麼也不做，以騰出更多的注意力空間。

即使在今天我寫這本書的過程裡，我也比以前安排更多時間任由思緒飄盪，並因此捕捉到數百個與這本書有關的想法。正如史蒂文·強森（Steven Johnson）在6集紀錄片《生活發明大解密》（*How We Got to Now*）裡巧妙指出的：「一個（新的）想法基本上是由其他多個想法連結而成的。」知識經濟時代裡，高薪人士之所以領到高薪，是因為公司聘請他們來解決問題、連接零星的點，這使得騰出時間讓思緒天馬行空變得更為重要——尤其在你捕捉出重壓心中懸而未決的事情後，你會挪出更大的空間。所幸我們的大腦天生就會連結零星的點，可說是知識經濟時代裡最完美的工具——但前提是，我們得明智加以善用。

不過，在我一年計畫期間所嘗試的各種方法裡，最有效的還是坐在房間裡，準備一組紙筆。就這麼簡單。每天或每隔一天，我會設個計時器——通常設十五分鐘，然後任由思緒天馬行空。以某種程度來看，這個方法和計畫與腦內大掃除截然不同：此時的我不再停留在「中央執行」模式，而是轉成「白日夢」模式，進而捕捉先前未曾注意到的點子和想法。至今，我仍然沿用同樣的儀式。當我為頭腦創造更多注意力空間後，我幾乎每次都還是會對冒出的點子、想法，甚至一些待辦清單而感到訝異。

> “在你睡覺時，你的大腦也在不斷處理、並鞏固新的資訊；這就是為什麼「難題解不出來時先去睡一覺」的建議會如此有效，以及為何睡前讀書能幫助你考得更好的原因。此外，這也是為什麼你應該在下班前，或是上床前，就先決定隔天要達成的三項目標。”

如果你聽起來覺得奇怪，那是因為它真的很奇怪。你的大腦本來就是個奇妙的機器，此時此刻它裡頭裝著一大堆價值不菲的點子、想法和見解，始終在後台處理，等著被你捕捉出來。此外，你不妨將捕捉思緒的儀式加入「維護日」的流程裡；或者當你感覺頭昏腦脹、需要立即為自己創造更多注意力空間時，也可以進行這樣的儀式。

當你有愈多的注意力空間，你就會愈加感覺平靜，並且變得更有生產力。

幸福心靈

在我的一年生產力計畫裡，我總會利用逛美術館或郊外散步等白日夢技巧，盡可能捕捉心中所有想法。只要我成功轉成「天馬行空」的思維模式，手邊又有一本記事本的話，這就不成問題。一般而言，儀式用到的專注力愈少，效果就愈好。不過，就算是閱讀小說這類我認為需要耗費許多專注力的方法，也常成功

> 值得注意的是：稍後我用了整整一章（第26章）談論休息，以及遠離工作的重要性。因為拚命工作卻不停下來充電，早晚會體力透支。由於你的工作主要得仰賴你的大腦，加上大腦所面臨的壓力比過去任何時候都還要大，適當的休息更是不可或缺。

把我變成「白日夢」模式，進而開始捕捉新的想法。無論最適合你的技巧是編織、園藝、瑜珈、開長途車、不戴耳機散步、泡燭光浴，還是逛美術館，重點在於，你得安排時間進入「天馬行空」的思維模式。每當愛因斯坦碰上困難問題、始終解不出來時，他也會採取類似的方法：他會跑去拉小提琴，期待解答突然閃現在腦海中。同樣地，這個方法對你也很有效。

美國心理學會（American Psychological Association, APA）最近提出九大超級有效的抒壓方法。不像逛街、賭博、喝酒、吃東西那些快速、卻未能實際降低體內皮質醇（cortisol，身體在面臨壓力時所產生的荷爾蒙）的做法，該學會所推薦的九種方法，全都能實際降低體內的皮質醇。同樣重要的是，它們大多數都能夠（至少表面上）把你的大腦轉成「天馬行空」的模式。若你正努力想要騰出自己的注意力空間，千萬別錯過這些超級有效的方法，如下所示：

- 健身或運動。
- 閱讀。
- 冥想（第21章）。

- 聽音樂。
- 學習富創造力的嗜好。
- 禱告。
- 到郊外散步。
- 花時間與親朋好友相聚。
- 去按摩。

無論你選擇哪一種方法，只要你肯花時間將頭腦轉成「白日夢」模式，便能幫助你大幅提高生產力。請放心，在你休息的時候，你的大腦依舊會在後台繼續作業——即使你並未意識到。而且，如果你想要解決某個特別複雜或需要創造力的問題，它甚至會比你有意識的前額葉皮質做得更好。

你的大腦是個威力十足的機器；但你必須充分善用它的優點、並接納它的弱點。要做到這一點，你必須給大腦空間，將之轉成「白日夢」模式，同時將腦中正在處理的任務、計畫和承諾捕捉出來。

每當你進入「天馬行空」模式時，你得再一次確保自己能夠捕捉到腦中浮現的所有東西，才不會漏接任何一個偉大的想法。

挑戰

白日夢

所需時間：15分鐘

所需精力／專注力：2/10

價值：7/10

樂趣：9/10

你會從中得到什麼：你腦中蟄伏許久的許多全新想法等著你收成，你只需賦予它們應有的注意力空間，就能一股腦全數提取出來。

你可能早就知道我會給你這樣的挑戰，的確沒錯！請你明天至少花十五分鐘的時間任由思緒天馬行空，將所有衝進你注意力範圍的重要想法、點子，以及必須處理的事情一併捕捉出來。

做這項挑戰時，我最喜歡的方式，是找個不會讓我分心或受干擾的地方坐下來，準備一支筆和記事本，並計時十五分鐘。

你或許也跟我一樣，會對腦中浮現的事情大為震驚。你甚至可能想繼續下去，譬如延長時間到半個小時。

| 6 |

專注力肌肉

第18章

從容行事

重點帶著走：研究指出，我們只有53%的時間專注在眼前的事物上。唯有鍛鍊出強健的「專注力肌肉」，我們才有可能更專心做好手邊的工作、更有效率地善用時間和專注力。

預計閱讀時間：5分8秒

心總是定不下來

傑出的戰士和你我無異，不同的是他擁有心無旁騖的專注力。

——李小龍

雖說刻意騰出時間任由思緒東飄西想，足以讓大腦形成連結、放鬆，並且更富創意；但在工作時，飄忽不定的思緒對你卻沒有多大好處。

事實上，你的思緒極可能比你以為的還要不安定。在一項由哈佛心理學家麥修・柯林沃斯（Matthew Killingsworth）和丹尼爾・吉伯特（Daniel Gilbert）所做的有趣研究發現，人們清醒的時間裡有47%（天呀！）都處於「白日夢」模式。換句話說，如果你跟多數人一樣，那麼你工作時有一半時間都在分心想其他事情，而不是專注在眼前你應該要全神貫注處理的更重要任務上面。更精確來說，你只帶了53%的專注力到辦公桌前。

這無疑會對你的生產力造成很大的損失，若你瞭解時間與專注力的密切關聯性，你就會知道為什麼了：你對一項工作投入愈少的專注力，你就得花費愈多時間來完成它，因為你的工作效率變低了。本書中我盡量不用「效率」這個字，特別是在談論生產力時，因為「效率」一詞把工作變得冷冰冰、少了人味。不過，在此我找不到比它更合適的字眼：當你不全心專注在工作上，便無法有效率地善用時間或專注力。當你花兩、三個小時，卻只有53%時間專心工作，還不如只花一個小時全心投入工作，結果是一樣的。

在你所擁有的生產力資源裡，時間最為有限。唯有聰明管理你的注意力（就跟聰明管理精力一樣），你才能更聰明利用時間。

暫停一下，挑戰時間！

在深入本書這一部分之前，要請你先做一個挑戰，很快就能完成。

在閱讀第六部的同時，我希望你手邊準備筆記本或拿一張紙，記錄你思緒不經意飄走的次數。當你頭腦轉成「白日夢」模式、不想繼續閱讀下去、開始擔心別的事情、忍不住想拿起手機或做其他事情，或是分心時，就記下來，觀察次數有多頻繁；稍後我們再來逐一處理這些障礙。總之，在管理你的時間和精力之前，先瞭解一下自己的現狀總是有幫助的。

每當你的思緒天馬行空，別擔心；思緒飄忽不定是大腦的預設模式。以我為例，即使我有多年冥想習慣，且努力不懈鍛鍊我的專注力肌肉，我的思緒照樣會經常游移。在這項挑戰裡，你只需記下思緒不定的次數；若願意的話，也可一併記下讓你分心的那個事情或念頭，然後輕輕地把你的注意力拉回來，繼續專心閱讀這本書。（我之所以說「輕輕地」，是因為當你在馴服注意力時，很容易因為分心而苛責自己；但要知道，思緒亂飄是百分之百正常的事。）

當你努力想處理好一件重要事情時，這也會是一個妙招：你只要在辦公桌旁放一本筆記本，記錄你分心或中斷工作的次數。一旦腦中浮現其他念頭，或有衝動想要暫停工作，就記錄下來，然後回到工作上。若有必要，稍後再來處理剛才讓你分心或中斷的事情。

從容行事的喜悅

當我寫下這句話時，我正坐在渥太華的一家小茶館裡。這間茶館位於渥太華的市中心，裡頭大約只有20人的座位。我喜歡來這裡看書、寫作和思考。這裡距離加拿大國立美術館只有短短幾步路，我常去美術館閒逛，任由自己的思緒天馬行空。這間茶館最讓我喜歡的並不是它的茶，而是他們從容不迫、認真嚴謹的茶道精神。當你從店內牆上數百種茶品裡挑選一款茶之後，店員會客氣請你入座。然後，他們會把你點好的茶盛在壺裡送上桌，並在壺底下點個蠟燭保溫。這家店的茶是我在渥太華喝過最好喝的茶，每一種都是精挑細選的純種茶，或是以獨有方式混合的茶。總之，他們用心處理所有茶葉的態度令人佩服。

自從一年計畫開始之後，我發現自己總是莫名其妙被這樣的地方吸引。在一個充斥廉價茶葉和茶膠囊（K-cup）的世界裡，這個地方獨樹一幟，慢條斯理地用心做好每個工作環節。就像是多年來不斷鑽研精進技術和配方的蘇格蘭威士忌釀酒人、致力於釀造完美葡萄酒的葡萄酒莊主人，或是苦練成千上萬小時的傑出吉他大師一樣（「重點不在於你學了多少年的吉他，而在於你彈奏了多少小時。」），即使身處令人難以從容行事的世界裡，這些人依舊投入時間和精力，努力做到從容嚴謹。

這些人把用心嚴謹發揮到極致，他們全都抱持同樣一個強大的念頭：生產力並非指做得更多、更快，而是指用心嚴謹地做正確的事情。這就是為什麼騰出更多時間和注意力空間做事情會如此有效，因為這麼做能賦予你更多空間，做好更高回報的任務、避開低回報任務，而且變得更具生產力。

我們之所以會在新年之初許諾一堆新希望，其中一個原因是我們在新年假期裡，得以從工作和生活裡後退一步思考、並思索其他的事情。同樣地，當你時時撥空從工作和生活退後一步，你也會更周全計畫、想出更好的點子，並且能夠更謹慎用心地做事。

若說將高回報任務從低回報任務裡抽離出來，是個普遍幫助你更嚴謹用心工作的好方法，那麼「三重點法則」這項技巧，則能幫助你落實到每一週、每一天，讓你時時都能更審慎用心工作，因為它能夠強化你的專注力肌肉。唯有練成強大的專注力肌肉後，你才有辦法審慎用心工作，得以有超過53％的時間專注在眼前的工作上。

要做到謹慎用心地工作，只欠這最後一個步驟，但它同時也是最艱難的一步。

專注力肌肉的三部分

（檢查一下你的思緒是否已經飄離本書了？）

我們如何利用每一分每一秒，決定了生產力的高低。科技和快速的解決方案帶給我們的刺激，比起有意義的任務和計畫所能給的還要多。我們工作的速度愈快，就愈難審慎用心地工作，因此也就更難保持專注和覺察。這正是為什麼你會有47％的時間分心想其他事情，而無法全心全意做眼前的工作。

所幸，你可以透過許多方法強化自己的專注力肌肉，幫助你工作時更加專注。而且，這些全是經研究證實有效的妙方。

根據神經科學家的說法，我們的專注力肌肉由三個部分所組成：

- **中央執行系統**：它位於大腦前額葉皮質，主掌思考和規畫。到目前為止，我書中所寫的每字每句（特別是拖延那一章），都是為了激發大腦的這個部位。
- **專注**：幫助你縮小注意力範圍，只聚焦在眼前的工作上，好讓工作時更有效率。

- **覺察**：這意味著對你內在和外在環境是有意識的；它能幫助你更全心全意、更謹慎周延地行事。

你的專注力肌肉是由上述三個部分所組成；要強化你的專注力肌肉，這三個部分都必須勤加鍛鍊。

第19章

防範專注力遭劫

重點帶著走：在干擾出現之前便事先防範（譬如，關掉手機上的新訊息提醒），有助於避免你的注意力遭到劫持。每當你遭受干擾而中斷工作，你可能必須花二十五分鐘之久，才能重新集中注意力，回到眼前的工作上。

預計閱讀時間：7分25秒

戳破專注力泡泡

設定每日目標、提取心中待處理的工作、將人生視為眾多熱點的組合，以及創造腦內空間、好讓思緒馳騁等技巧，都有助於你更看清自己的工作和生活，進而每天做好真正重要的工作。

不過，當然並非所有的干擾都來自於內在。鍛鍊專注力肌肉固然十分重要，但同樣重要的是保護它不受外部的干擾，以免損害到你的專注力和生產力。

在我開始每天只用一小時智慧型手機後，我發現自己不僅頭腦變得超級清楚，還發現到自己不再那麼常受到干擾而中斷工作。我的注意力不再老是遭到劫持，因此能夠更深入眼前的每個工作；即使工作再複雜也是一樣，因為我不必一直重新集中專注力。在這個實驗之前，一通簡訊或干擾就會瞬間戳破我的專注力泡泡，中斷我正在進行的工作，而我必須花超級多的時間，才能將我的專注力泡泡恢復原樣。況且，一件工作所需的專注力愈多，中斷後的恢復時間就愈長。

不必要的提醒可能不會耗費你太多時間，卻會耗去你大量的專注力：每當收到新的電子郵件、簡訊、臉書提醒，或是推特上有人提到你的通知，你的注意力便立刻遭到劫持，這會造成巨大的生產力損失，特別是當你正忙著處理複雜事情的時候。

自從時間經濟時代轉型到知識經濟時代後，如今我們不再只拿時間換取薪資。我們也會以專注力換取薪資，其中還包括我們不在辦公室的時候。像我之前做過的朝九晚五工作，每間公司都會配給我一台筆記本電腦，好讓我把工作帶回家做（公司往往期望我真的這麼做）。對於在工廠生產線工作的人，回到家之後通常不會有注意力遭到劫持的問題；因為當你打卡下班後，你的注意力就是自己的。如今，情況恰好相反。由於公司期望你時時保持連線狀態，倘若你能捍衛自己的注意力不受干擾——無論在公司還是家裡，你就有辦法得到巨大的回報。

事實上，工作遭到中斷的次數很可能比你想像的還要多。干擾已成為我們工作的一部分，讓人很難注意到它們。不過，根據RescueTime（一間專門追蹤人們花多長時間使用電腦的公司）的調查，一名知識工作者每天平均打開電子郵箱五十次、並使用即時訊息77次。此外，據研究機構Basex的估算，由於電子郵件和即時訊息等不必要的干擾導致工作中斷，致使美國經濟每年損失6500億加幣的生產力。顯然在知識經濟時代裡，我們的專注力還挺值錢的。（下一章我們會談到多工處理所導致的巨大成本，它對生產力造成的損害更大。）

Basex還指出：「如今，工作遭到中斷以及所需的恢復時間，會耗掉一名員工每天28%的時間。」專門研究注意力的加州大學教授葛洛里亞．馬克（Gloria Mark）則指出，「每位員工做任何一件工作時，短短十一分鐘就會因干擾而中斷。」但他們卻得花上平均二十五分鐘的時間，才能將注意力帶回原來的工作上。像電子郵件和即時訊息這類毫無意義的干擾，我們付出的代價實在很大。

在我的智慧型手機實驗後，我做了一件相對簡單的事情：關閉手機和電腦裡的所有通知。這麼做馬上就有立竿見影的成效：每當有人發簡訊、推文或電子郵件給我，我的專注力不再會從眼前的工作移開，只會專注在與自己日程表相關的新資訊上。

許多人忘了，智慧型手機和電腦等設備之所以存在，是為了方便自己，而不是為了方便那些想要中斷自己工作的人。像我沒有戴手錶，所以每當我從口袋裡掏出手機查看時間（每小時會查看個幾次），同時也會刪除所有可能干擾我更重要工作的通知。由於我的電腦也不再發送通知，我因而會利用預先排定好的時間，一次清除所有的通知（第13章）。

於是，我的工作只有在少數情況下才會遭到干擾：當某人親自來找我、當我接聽電話時，或是當我收到會議即將開始的提醒時。對我來說，這些干擾都是值得的，而且從長遠來看，它們能為我省下不少時間。

為何你什麼都記不住？

在我關掉電子設備裡幾乎所有的通知，並開始脫離網路之後，竟發生另一件奇怪的事情：我開始能記住更多更多的事情。

良好的生產力技巧大多有個奇怪的特質：當它們讓你每天完成更多事情時，卻往往讓你感到生產力變低。就像從工作中退一步去計畫、用較少的時間做事情，以及脫離網路等技巧，全都能幫助你完成更多的工作，但也會使你的工作不再那麼刺激，因而營造出一種錯覺，讓你以為完成的工作變少了。同樣地，關掉干擾也會帶來類似的錯覺。儘管幾乎每個探討干擾（與多工處理）的研究都指出，干擾確實會損害你的生產力，但你的大腦邊緣系統卻告訴你相反的事實；而且，當你在拖延時，很難不聽信它的說法。然而，一天工作結束時，所有的證據都會指向一個事實：關掉劫持注意力的事物能讓你完成更多，而非更少。尤其在你發現大多數干擾會浪費你多達二十五分鐘的生產力後，你很快就會看清其所造成的危害有多麼大。

不過，當你不斷受到刺激而分心，還會帶來另一個同樣嚴重的傷害：記憶力受損。當你一再轉移注意力，焦點從一件事換到另一件事，你的大腦會負荷過重。一旦大腦過度承載，便不會繼續在海馬迴（hippocampus，主掌記憶）裡運作，而轉移到另一個專門負責死記工作的部位運作，因此你很難學習新的工作，也很難想起工作中斷之前在做些什麼。

尼可拉斯．卡爾（Nicolas Carr）在其獲獎著作《網路讓我們變笨？》（*The Shallows*）裡，用了一個巧妙的比喻來形容這樣的影響：「想像一下用極小的頂針舀水、努力把浴盆裝滿的畫面，將大腦的工作記憶轉存到長期記憶就是這麼困難。……當我們在讀一本書時，資訊的水龍頭提供穩定的滴水速率，快慢可以透過我們閱讀的速度來控制。」在閱讀時，我們以頂針水流的速度一點一滴將資訊從工作記憶轉存到長期記憶。但當我們使用連接網路的電子設備時，則會發生相反的情況：我們為自己的大腦邊緣系統提供一大串美味的干擾流，使得大腦負荷過重，因此很難將工作記憶轉存到長期記憶。

打從醒來，直到上床那一刻，我們無時無刻不連接電子設備；連接到一大串劫持我們注意力的事物，轉移我們的焦點、削弱了專注力肌肉，並且害我們記性變差。為了保護記憶，在工作時更是要盡量關掉干擾，盡可能減少注意力遭劫持的機會。

老實跟你說。以我的經驗，脫離網路真的超級難做到，尤其在你逐漸習慣干擾的穩定刺激後。在完成一年計畫時，我離完美的境界仍然很遠；即便在智慧型手機實驗後，我已經關掉幾乎所有的提醒、不再有穩定干擾流的持續刺激，我依舊會忍不住查看是否有新郵件進來。然而，就像一開始執行全新的健身計畫一樣，我的專注力肌肉剛開始很弱，但隨著我經常保護它免受專注力劫持事物的攻擊，它也就變得愈來愈強壯了。

當你躺在臨終床上回首這一生時，你將會為自己所完成的一切美好、有意義的事情感到欣慰，而不是懊悔自己成天忙著處理電子郵件吧！

一旦你保護自己的專注力肌肉免受干擾的侵害，便能獲得更多的專注力，讓你更聚焦於工作、工作時更有效率，進而提高生產力。

> “既然我們談到分心這個主題，「二十秒法則」是我最喜歡用來馴服周遭分心事物（這裡指的不是中斷工作或劫持注意力的干擾，而是實際令人分心的事物）的方法。許多正向心理學家（如暢銷書作家尚恩・艾科爾〔Shawn Achor〕）認為，「二十秒法則」對於防範分心有很大的成效，二十秒的時間足夠讓分心事物不靠近你，進而遠離你。在我的一年生產力計畫裡，我成功嘗試用二十多秒鐘的時間，避免許多負面的分心事物。譬如說，我把不健康的零食放到遠離工作區域二十多秒鐘的步程外之後，我發現自己幾乎立刻就改掉亂吃零食的習慣。其他更多實用的例子還包括：把你的電子郵件客戶端存在層層文件夾的最底層，需要花二十多秒鐘才存取得到；把你的文件櫃放在辦公桌旁邊，這樣不用二十秒你就可以完成存檔；把甜點收到你冰箱冷凍庫的最底層；工作時，把你的手機放在別的房間；拔掉網路數據機的插頭；以及替社群媒體帳號設置一組複雜、30個字元長的密碼。”

挑戰

關掉通知

所需時間：5到10分鐘（取決你有多少電子設備）。

所需精力／專注力：3/10（取決你是否熟悉科技產品的操作；但通知設定往往很容易找到）。

價值：8/10

樂趣：7.2/10

你會從中得到什麼：你每天都能守住可能失去的生產力時數，因為你不再遭受一連串提醒和通知的干擾而中斷工作。你的記性也會比以前好很多，並且能更深入專注自己的工作。

由於每次的干擾都會造成半小時左右的生產力損失，你有必要好好予以處置。

你可能像我和大多數人一樣，工作遭中斷的次數遠超出意識到的情況；但值得慶幸的是，你擁有的每種電子設備裡，都有減少和刪除通知的功能。在此我要你做的，就是進入所有電子設備（手機、電腦、平板、智慧型手錶等）的設定功能裡，逐一關掉通知提醒。關掉嗡嗡聲、蜂鳴聲、警示框等所有通知，以防在工作時劫持你的專注力。尤其在你的「生理黃金時段」裡，你更要強加防範。如果你喜歡偶爾關上辦公室的門，但仍想保持與外界互動，那麼你的「生理黃金時段」便是你關起門、避開朋友和同事打擾的最好時機。總之，凡是不值得你浪費二十五分鐘生產力的干擾，都沒有必要理會。

在你努力把干擾降至最低的過程裡，你的大腦邊緣系統一開始可能會不習慣刺激突然變少，你甚至會因為大腦的刺激變少而誤以為生產力降低。然而，當一天工作結束時，你會有更多的專注力去做有意義且重要的事情。更棒的是，你會清楚記住自己做了哪些酷炫的事情。畢竟，就生產力來說，這才是最重要的。

第20章

一次只做一件事

重點帶著走：一次只做一件事是治療分心的最好方法之一，因為它可以幫助你鍛鍊「專注力肌肉」，並為眼前的任務開鑿出更多的注意力空間。同時，它也是強化記憶力的一項有效工具。就像在健身房裡鍛鍊身體肌肉一樣，持續將注意力拉回你所做的任務上，證實能夠強化你的專注力肌肉。

預計閱讀時間：14分30秒

關於「多工處理」的二三事

到處都有，就是到處都沒有。

——塞內卡（Lucius Annaeus Seneca，古羅馬哲學家）

在本章開始之前，我想先幫你複習前面提過的一些概念，我認為它們與本章尤其相關：

- 忙碌若不能讓你完成任何事情，那它跟懶散不做事又有什麼區別？
- 生產力與忙碌的程度或有多少效能無關，它只跟你完成多少有關。

- 單單只是因為你覺得有生產力，並不代表你真的有生產力。反之，儘管你富含生產力，你卻往往不覺得自己有生產力。

我知道，這裡面有些概念我早已經重複太多遍，你應該快要麻痺了。不過，我認為這些敘述富含極為深刻的真理，值得再次重複，尤其它們與多工處理有密切的關聯。

關於多工處理，最令人匪夷所思的一點在於：儘管幾乎所有的研究都指出，多工處理會重創你我的生產力，但我們依舊努力想同時處理許多事情。為什麼呢？因為多工處理讓我們感覺超棒。

多工處理的好處

在一年生產力計畫期間，我讀到的書籍裡大多指出，多工處理會嚴重危害生產力。事實上，幾乎每一個多工處理的相關研究，也都證實這樣的說法。不過，我們還是可以先談談同時做許多事情的好處。

在我看來，這些研究都忽略一個重點，那就是：多工處理讓我們感覺超棒。而我認為，這正是許多生產力書籍美中不足的地方。要是你所做的每個決定都百分之百理性，亦即你的前額葉皮質每次都能戰勝大腦邊緣系統，那麼你根本不需要這本書。但正因為你是一個會思考、有情緒、有喜好、會呼吸的正常人，在運用生產力技巧時才會困難重重。以多工處理為例，儘管如此一來害你完成的工作比較少，你還是喜歡這麼做，因為多工處理總讓你工作起來更有趣、更刺激。

在我開始一年生產力計畫後，起初我並不重視多工處理的研究，因為沒興趣瞭解。大多時候，我都能完成原先計畫好的目標；而且，即使我並沒有盡全力保持專注，但我很享受遊走於眾多分心事物之中，任由它們不斷刺激我的大腦邊緣系統。我很清楚，多工處理只會製造生產力的假象，但與此同時，多工處理讓我的工作加倍有趣（只不過多了一點壓力）。況且，每當我嘗試一次只做一件事時，我總覺得自己好像錯過了什麼好玩的事情。

在我的計畫開始之前，我本來打算進行「單工處理」的實驗。可是我卻拖延了好長一段時間，因為我內心對這個實驗實在非常抗拒。隨著我愈來愈忙碌，就愈加深我一次只做一件事的罪惡感，因此也就愈害怕做這個實驗。

於是，我一直沉迷於源源不絕的分心事物，多工處理已經成為我的習慣。

切換成自動駕駛

習慣是一股強大的概念。假如我們生活中沒有習慣、無法不經大腦自動執行許多事務的話，那麼我們恐怕就無法順利存活在這世界上。

舉例來說，你應該知道我們的眼睛在閱讀書籍時，並非逐字逐句順勢瀏覽，而是跳著只看句中幾個特定字眼，就能得出全句的意思。

你應該也知道，你的下巴挺沉的，需要不斷努力撐住它。

而且，如果你想太多，你嘴裡的舌頭反倒不知道要擺在哪個位置才對。

順便一提，你是否注意到你的鼻子總是在你視力範圍內；一想到此，你反而無法不時時注意到它，是嗎？

還有，你是否注意到自己每次吞嚥時，耳朵總會發出咔嗒聲？

研究證實，我們所做的事情裡，有40％至45％是自動發生的。大多數時候，這是一件好事。不過，有些習慣卻會帶來不良的效果。像是太晚睡、狂看電視、抽菸、吃太多的披薩等，它們多半已成為自動發生的習慣，卻常帶來不良的後果。

在一年生產力計畫期間，我有幸與普立茲獎得主暨《為什麼我們這樣生活，那樣工作？》作者查爾斯・杜希格聊天。經過研究和實驗後，他發現習慣的養成相當簡單，每個習慣是由三個元素所組成：提示、例行程序，以及獎勵。「首先，提示是啟動某個自動行為的觸發因子；然後例行程序指的是行為本身；最後則是獎勵。」舉例來說，當你醒來時（提示），你可能會立刻拿起智慧型手機，遊走在各種不同的App之間（例行程序），這麼做讓你覺得掌握時事並與世界接軌（獎勵）。或者說，當你試圖專注在一件棘手的任務上（提示），你可能會習慣性地打開電子郵箱（例行程序），讓自己持續感到有生產力（獎勵）——儘管你實際上是在拖延。

你愈常做某一件習慣，該習慣就變得愈堅固。從神經學的層面來說，一個習慣其實就是大腦裡的一條通路，碰到外在環境裡某個提示後便會引爆。正如查爾斯所說的：「一旦提示、例行程序，以及獎勵在神經系統內緊密交織之後，便會實際形成一條神經通路；在我們的腦中，這三件事情從此融為一體。」神經心理學創始人、加拿大心理學家唐納德·赫布（Donald Hebb）也曾說過：「一起引爆的細胞會融在一起。」你用智慧型手機等各種電子設備同時處理許多事情，無形中它們已經融入你的生活。你非常習慣這麼做，拿起它們時幾乎是不假思索：你是因為回應外在環境的提示而自動將之拿起。不過，像這樣養成習慣的過程也可能是正向的，例如養成一項新的運動或飲食習慣（我將在下一節裡討論）。

據杜希格表示，觸發習慣的提示有五種類型：一天當中某個特定時間、特定地點、某種情緒、出現某個特定人士，或是之前做出的某個慣性行為。這就是為什麼建立一個高效日常例行公式會有如此強大的威力：每天都做同樣的事情，並確保你的例行程序會得到有意義的獎勵，那麼假以時日，大腦裡的神經通路便能日益鞏固，最後形成一個自動的習慣。

習慣之所以會如此強大，而且堅不可摧，是因為大腦會釋放多巴胺（dopamine）。它是一種幸福的化學物質，隨著各個神經通路末端的獎勵一同釋放出來。隨著時間的推移，愈常引爆這些神經通路，它所連結的提示、例行程序和獎勵的迴路就愈強，因而更加鞏固你的習慣。這是因為大腦喜愛的多巴胺持續隨著它們釋放，強化這三項元素的連結通路。就像人們反覆走在「期望路線」上，這使得你的神經通路更深、更廣、更穩固。

多工處理會變成習慣，是因為你並未刻意選擇，而是任由它自動發生。如果你出門一整天不帶手機，即使它不在你的口袋裡，你還是很有可能出現幻覺，總覺得褲子口袋裡有東西在震動，或是不自覺把手伸進口袋想拿手機，卻發現它根本不在那裡。（在我開始一天只能使用一小時智慧型手機的實驗之前，曾嘗試不帶手機出門，結果發現自己不自覺把手伸進口袋的次數，每天竟多達五次左右。）

由於習慣基本上就是大腦裡嵌入的神經通路，要一夕之間戒除幾乎不可能。要戒除多工處理的習慣也是一樣；由於大腦已經非常習慣這種做法，要一夕之間從多工處理變成單工處理，是不可能的。

換言之，要戒掉多工處理的習慣，需要一段時間慢慢改正。

迷上多巴胺

研究證實，當你同時處理一件以上的事情，你的大腦會不時釋放出多巴胺。從神經化學的角度來說，在多工處理時，大腦會給予你更多的獎勵，比你一次只做一件事時還要多。誠如丹尼爾・列維廷在《大腦超載時代的思考學》裡所描述的：「多工處理會形成一個多巴胺成癮的回饋迴路，實質獎勵大腦因為不斷尋求外部刺激而失去專注力。」

然而，受到多工處理蠱惑的，不光是我們的大腦邊緣系統。據丹尼爾表示：「更糟的是，就連前額葉皮質也有喜新厭舊的偏好。這意味著它的注意力容易遭到新奇事物的劫持——誠如我們都知道要用鮮豔的玩意去吸引嬰兒和小狗小貓，原因就在於此。」換言之，你的大腦沒有一個部位能夠倖免。

除非你做的工作完全用不到大腦，可以騰出多餘的注意力（好比你在「維修日」所做的那些工作），不然大腦天生就無法同時專注在一件以上的事情。事實上，大腦不能同時專注在兩件事情上；它只是在事情任務之間迅速切換，因此創造出一個假象，讓你以為自己可以同時處理多件事情。

關於多工處理，我最喜歡的是由史丹佛大學奧非拉（Eyal Ophir）、納斯（Clifford Nass），以及華格納（Anthony Wagner）聯合主持的一項研究。在他們之前，早已有大量研究證實人們不能同時處理兩件事情，但這個研究團隊想要更深入探究，看看重度的多工處理者如何做到高效率——如果有的話。

首先，他們測試多工處理者是否比較善於忽視無關緊要的資訊：結果是否定的。由於這個假設行不通，研究人員接著又測試看看，多工處理者是否更善於儲存並組織資料，或是有更好的記憶力：這兩項假設的結果都是否定的。碰到死胡同後，研究人員只好再進行第三次測試，看看多工處理者是否更善於在多項任務之間轉換。

結果依舊是否定的！而且更糟的是，此次研究發現，輕度的多工處理者在同時處理多件工作時的表現，竟然勝過重度的多工處理者！奧非拉對此表示：「我們一直在找尋多工處理者的優勢，但結果並未發現。」多工處理者之所以認為自己的表現比較好，是因為他們的大腦受到更多的刺激。但所有研究都一致證實，他們的表現比較糟。

多工處理之所以會降低你的生產力，是因為它讓你更容易出錯、增加你的工作壓力、工作時間更長——因為你必須耗費時間和專注力在多個任務之間轉換，甚至會損害你的記憶。誠如源源不絕的干擾和分心事物對你的疲勞轟炸，多工處理也會讓你的大腦超載。這就是為什麼你一邊看電視或電影，一邊滑智慧型手機或平板，就會不太記得看過什麼內容。此外，多工處理甚至會讓你更容易感到無趣、焦慮和憂鬱。

仔細回想，你會發現自己一次只做一件事時，總是完成最多的事。這樣想的話，你大概就不會再同時做一堆數不清的事情了。當你一次做一件事時，你肯定會有無窮的注意力，而且全部只投注在一件事情上面。

當你同時處理多件工作時，等於把注意力全分散在多到數不清的地方，於是你對每件工作都只能蜻蜓點水，無法真正深入其中把它們做好。這也難怪我們的大腦會有47%的時間在想其他事情。

唯有當你一次只做一件事時，你才能有足夠的注意力投注其中。

只做一件事

再次自我檢查：你在閱讀本書這一部分時，分心的次數多嗎？你的心思愈難專注，本章對你的幫助就愈大！

當然，要做到一次只做一件事，實在是知易行難。

正如我在生產力計畫裡所發現的，一次只做一件事就跟做代數習題或組裝IKEA家具一樣：理論上非常完美，但實務上卻出奇地困難。

根據我的經驗，一次只做一件事之所以讓人更有生產力，其主要原因跟簡化手邊任務讓人更有生產力是一樣的。當你簡化手邊的任務、計畫和承諾時，你把既有的時間、專注力和精力分配給較少的事物，因此每件事所分配到的時間、專注力和精力便相對更多。當你一次只做一件事時，道理也是一樣的：你投注所有的時間、專注力和精力在單單一件事情上，因此會達到事半功倍的成效。

一年計畫期間，當我進行一次只做一件事的實驗時，我常會抵擋不住誘惑，又忍不住回頭嘗試一次做好多事情。我發現，治療這種情況的最好辦法，就是從少量開始，而且要少到不能再少。剛開始，我會設置一個計時器，只用少許時間處理單一任務，比方二十分鐘；隨著我的專注力肌肉愈來愈發達，我再逐漸增加時間。到計畫結束時，我可以一整天只專注做一件事。不過，就像我在本書裡談到的大多數技巧一樣，我若說自己已經很完美，那肯定在說謊；但我的確每星期都有進步。

當你每次拉回自己游移不定的心思、不斷把專注力帶回你最重要的工作上，總有一天會開花結果：你專注工作的能力會變得很強。

研究指出，當你一再運用意志力、努力重新將心思帶回工作上，假以時日，你的執行控制能力終會獲得提升、你的前額葉皮質終會強大到戰勝邊緣系統；到了最後，你將能掌控你的大腦。每當你把注意力拉回到單一任務上，你便強化了這個習慣，而且它會逐漸變得愈來愈穩固。特別當你一開始就刻意迴避干擾和分心事物的話，成效會更大。要把你在工作上投注的專注力從原先的53%，提高到80%或90%，並非一朝一夕就能做到，但它能帶給你意想不到的成效，非常值得你付出努力。尤其當你單工處理的那件事，剛好是你最重要的工作時，肯定會有加乘效果。

以下是我練習單工處理時最喜歡採用的幾個方法，它們成功強化我的專注力肌肉：

- **按照番茄鐘工作：**「番茄時間管理法」（Pomodoro Technique）是法蘭西斯科．奇里洛（Francesco Cirillo）於1980年代發明的方法，既簡單又非常有效。藉由這個方法，你一次花二十五分鐘只做一件工作，然後休息五分鐘。做完四組二十五分鐘的工作後，你可以休息十五分鐘或更久。我認為這是嘗試一次只做一件事的最佳方法之一，可以測出適合自己的時間。經過幾次「番茄鐘」練習後，我猜你會愛上這種方式。（我發現，這個方法雖然並非每次都好用，但它能有效幫助你投注大量精力和專注力在高回報任務上。）
- **電話會議：**進行電話會議時，盡量不要查看電子郵件或簡訊；只需盡可能把更多心思放在電話會議上。每當你忍不住想轉移注意力到其他事情時，請將心思拉回到電話會議中，再次鍛鍊你的專注力肌肉。如果你不能停止想其他事情，不妨問問自己，是否一開始就不該答應參加這次的電話會議。
- **傾聽：**當你積極聆聽別人說話時，你會把所有的注意力和焦點都放在這段談話上；你不會想著下一句要說什麼，也不會想著其他事情或同時做別的事情。每當你把注意力拉回眼前這段談話時，你等於再一次鍛鍊你的專注力肌肉。這項技巧需要練習，但隨著時間的推移，它能幫助你更有效管理你的專注力，發展出更緊密、更有意義的人際關係，並減少不必要的誤會。我在計畫期間實驗積極傾聽時，我發現幾乎每個人都樂於見到我把注意力完全投入到談話裡。每當我跟別人碰面時，我會先將手機關機，如此才能全心全意專注在眼前的交談上。姑且不論它對生產力的影響，至少對你的人際關係有極大的幫助。

- **閱讀**：就像本章一開始的挑戰一樣，我希望你在閱讀時，能夠盡量投入更多的注意力在你所閱讀的內容上。關注你的思緒，當它開始飄走時，試著將之引導回到書本上，這麼做等於再一次強化你的專注力肌肉。此外，關於思緒，還有一個地方需要你的關注：別讓它變得焦躁。當你還沒讀完這一頁，心思就迫不及待想翻到下一頁時，要設法把心靜下來。
- **飲食**：這是個值得一試的有趣方法。雖然在辦公室要做到這一點很難，但你在家時可以用它來強化你的專注力肌肉。回想一下，你上次坐下來專心吃飯、沒做其他事情是什麼時候？當你放慢吃或喝東西的速度，等於創造出更多的注意力空間，用以專注口中食物的味道與口感，讓你更享受食物的美味。你不妨做一個有趣的試驗，觀察大腦思緒多久會飄走一次。你只需設置幾分鐘的計時器，帶著你喜歡的食物或飲料，找個安靜的地方坐下來（若你選的食物很好吃，這個實驗會更有趣），並專注在口中食物的味道與口感。這就跟閱讀一樣，你需要關注自己的思緒，別讓它迫不及待。換句話說，在你還沒品嘗完口中食物時，不要急著想著下一口，或是急於把下一口食物送到嘴邊。我敢說，有兩件事肯定會讓你感到驚訝：第一、你大腦思緒飄走的頻率很高；第二、當你放慢速度品嘗食物時，它會出奇地美味。（如果你想要從這個試驗中得到更多樂趣，不妨試著將食用的速度放慢兩倍；這樣一來，你享受美食的時間也就變成兩倍長啦！）

上述所有方法的關鍵在於：不斷將分散的注意力帶回眼前的任務上。每當飄離的心思重回手邊的任務時，你的專注力肌肉會變得更加強健，你對大腦思緒的控制能力會變好，避免大腦在日後再度分心。這的確不容易做到。所以我才會建議你從少量開始，但它值得你付出努力。

此外，我發現單工處理還有許多其他好處。當我開始一次只做一件事、放慢速度從容行事之後，我開始對眼前所做的事情有更深的覺察；發現自己有哪些不假思索就自動做出的習慣；體悟到我所做工作的價值；甚至可以看出自己正在拖延。我不再任由心思來回擺盪在各個電子設備和App之間，因此有機會反思自己所做的工作，這讓我得以從眼前的工作中退後一步，思索該如何更聰明、甚至更有創意地工作。（研究證實，當內心平靜從容時，更容易有創意的思維。）

一次只做一件事還賦予我更多的注意力空間，讓我更富同情心、更體貼，且更快樂。我強烈相信，一個人在努力提升生產力時，一定要具備豐富的同情心：不僅對別人慈悲，對自己也是一樣。譬如說，你在拒絕低影響力任務與項目時，同情心會讓你的行為比較不像冷冰冰的機器人。總之，要做到一次只做一件事需要某些調整，但我相信這麼做不僅可以幫助你完成更多工作，還能幫助你成為更好的人。

我想，這正是多數人想要提高生產力的首要原因吧！誠如心理學家麥修．吉林斯沃茲和丹尼爾．吉伯特在發表研究時表示（即「人們有47％時間處於白日夢狀態」的那個研究，見第18章）：「人的思緒總是游移不定。」而研究證實：「游移不定的心思並不快樂。」從進化的角度來看：「具有思索非眼前發生事情的能力，屬於認知的高階功能，但它卻伴隨著情緒的成本。」雖然你的時間極其有限（所以生產力才會如此重要），但也正因如此，你更應該放慢腳步，在提高生產力的同時，全心全意享受這個過程。

一次只做一件事是馴服游移思緒、開鑿更多注意力空間給手邊工作的理想方法；同時，它也是幫助你我做到全心全意從容行事的最後一個步驟。

挑戰

一次只做一件事

所需時間：15到30分鐘

所需精力／專注力：9/10

價值：10/10

樂趣：8/10

你會從中得到什麼：你會培養出強健的專注力肌肉，如此便能夠投注更多的專注力在眼前的任務上，達到事半功倍的成效。

本章我給你的挑戰是：明天花十五到三十分鐘的時間，專注只做一件事。（如果這個實驗讓你很反感，不妨把時間縮短到不那麼抗拒為止。）無論你選擇要做的是一件工作、一通電話、一場談話、看一本書，還是吃一樣東西，總之，請你花十五到三十分鐘只專注在這一件事情上。當然，你做的事情愈重要，你從這個挑戰得到的成效就愈大。

當你的思緒開始飄盪（肯定會，尤其在剛開始時），輕輕把它帶回來。別太苛責自己；當你注意到心思飄到其他事情上，你只需把焦點重新引導到手邊的事情即可。

這個挑戰很簡單，但別小看它。只要你持續這麼做，假以時日它的好處必定會逐漸浮現，多到令你驚奇不已。

第21章

這一章我們只談冥想

重點帶著走：練習正念與冥想之所以能提高生產力，是因為它們讓你的內心更平靜、更快樂，且更專注。再說，冥想並沒有你想像中那麼嚇人。

預計閱讀時間：15分15秒

告解

有一件事我必須向你坦誠：前一章全是一場騙局。我所謂的騙局不是指一次只做一件事，而是關於正念的部分。

不過，在你嫌惡地把書放下、將我列為拒絕往來戶之前，請容我解釋一下。

正念有嚴重的公關問題；這麼說一點也不誇張。許多人在聽到「正念」這個字，或是更無法接受的「冥想」時，他們腦中總會閃過這樣的畫面：在印度酷熱的天氣裡，某個瘦到皮包骨的瑜伽修行者在軟墊上打坐，數小時都不間斷；或者是某個住在山洞裡的和尚，成天只吃豆子和白飯，而且從不開口說話。我想這就像聽到公司的「使命宣言」一樣，多數人一聽到這些字，立刻就把耳朵關起來。至少我剛開始就是這樣。

但事實上，這全是誤解。所謂正念，其實是一門藝術：一次全心全意做好一件事的藝術。冥想也差不多一樣，只是你單獨做它，並未結合其他事情一起做。（稍後我會談到如何冥想，超級簡單的。）

如果你願意，不妨回到前一章，把所有的「一次只做一件事」全都換成「正念」，你會發現同樣說得通。這就是正念要傳達的事：為當下創造更多的注意力空間，讓你可以完全專注眼前所做的事情上。總之，正念差不多就是這麼回事。此外，它還意味著反思你對眼前所做事情的感受，以及思索自己如何看待眼前的工作。它與許多的生產力技巧息息相關，其中包括幫助你戰勝拖延的技巧。

當注意力四處分散時（就像同時處理多件事情時），你根本無法全心全意投入手邊的任務，因而使得生產力變低。藉由正念和冥想，你將學會控制自己的專注力，進而投注更多注意力在眼前的任務上。

表面上來看，正念和冥想似乎是生產力的對立面。但在一個生產力意味著更聰明、更從容做事，而非做得更多、更快的世界裡，正念和冥想對於生產力而言，比過去任何時候都更加重要、更加緊密相連。在工廠的生產線上，你只需投注53%的注意力，便足以做好工作。但在今日，你必須投注100%的專注力，才能把工作做好。

生產力最困難的一環

就像許多人喜歡清晨五點半起床，或是跑一場馬拉松的想法，幾乎每個人都想要完成更多的事。

但現實生活中，當我們面臨要處理最有生產力事情的當下，往往必須做出一堆短暫的犧牲才能完成更多的事。長遠來看，我們主掌規畫的理性前額葉皮質想要達到10%的體脂率，並且成為副總裁；但在當下，我們卻一天到晚逃學，並且大啖起司漢堡。為了練就性感的六塊肌，你不能只是決定要吃得更健康。你每一天都必須做出許多小小的犧牲，一點一滴把體脂降下來，這些小小的犧牲比你最初下定決心減肥時還要艱難無數倍。當你打算一次只做一件事、更努力工作，或是克服拖延時，也是同樣的道理。當你下定決心做一件事時的感覺很棒，但要你為了達成目標做出一百萬個小小的犧牲，卻通常一點都不好玩。

這正是生產力最困難的一環：在這個世界上，幾乎每個人都想要完成更多的事，也知道自己至少要做出一個改變，才能朝正確的方向邁出一步；但在當下，我們卻很難朝著目標做自己該做的事情。（這正是我為什麼要花整整第一章來談論價值觀的部分原因：如果你不重視自己當下努力做出的改變，或是不清楚自己為何想要完成更多的深層原因，你當下就不會有動力做出短暫的犧牲，以達成長期的目標。）

此時，我們就必須仰賴正念。正念之所以重要，是因為它讓我們用不同角度看待當下所做的事情。而且，正念賦予我們更多的注意力空間，足以關閉自動駕駛模式，讓我們在當下做出更有生產力的決定。當我們不假思索自動化工作，並且過度依賴習慣行事時，便無法提供足夠的注意力空間給大腦前額葉皮質，也就無法做出最有生產力的決定。總之，正念為我們在當下開鑿出更多的注意力空間，足以讓我們更聰明、更從容地工作。

你還是必須做出犧牲，只不過正念和冥想能幫助你奠定生產力的基礎，為你的任務創造出空間，使你在當下做出最好的決定。

為冥想正名

雖說我在一年計畫之初不再堅持冥想，所幸我後來又重拾起這個習慣。隨後，我很快注意到冥想對生產力的多重好處，而且每個好處都有助於強化專注力肌肉。

有趣的是，在我認識、全力倡導冥想的人當中，除了冥想大師之外，大多是專攻拖延的研究人員。冥想會受到拖延研究人員的重視很合理，因為冥想是鍛鍊專注力肌肉、幫助大腦前額葉皮質戰勝邊緣系統的唯一好辦法。事實上，我在採訪蒂姆．彼契爾時，他就十分推崇正念和冥想，並認為它們能夠非常有效地「引導我們的注意力到最有利的地方」。此外，正念和冥想也都雙雙被證實能有效治療衝動，而衝動正是導致拖延的最大元凶。

在我恢復冥想習慣之後，很快就能看出冥想對生產力帶來的改變。首先，我拖延的次數變少了。由於冥想和正念強化專注力肌肉後，我就能夠關注自己的感覺以及當下的想法，因此得以退後一步，正視我拖延的癥結。再者，我也開始更善於控制自己的衝動，這讓我更堅持每天早上五點半醒來的習慣——後來也認清自己有多麼討厭它。冥想和正念賦予我更多的注意力空間，讓我隨時隨地都可以退後一步，從容行事，並且從一萬英尺高空俯瞰我的工作和生活。此外，它們也讓我更容易管理自己一整天的精力。

總之，冥想和正念賦予我應有的覺察力，讓我得以從工作中後退一步，進而變得更有生產力。

關於冥想和生產力的五大迷思

在談到冥想的方法之前（這部分遠比你想像的容易許多，而且沒那麼神祕），我希望很快先談談幾個關於冥想的迷思。我有幸得以跟許多抗拒冥想的人（以商務人士居多）聊聊他們抗拒的原因，以下是我最常聽到、特別與生產力有關的五大冥想迷思：

一、冥想讓你更消極被動

別擔心，冥想不會把你變成一個怯懦的窩囊廢。真要說起來，它反而會幫助你在面對挑戰時更有韌性。同時，冥想還會改變你看待經驗的態度。舉例來說，兩個人在體驗同一件事情時，看待它的態度可能會截然不同。冥想可以幫助你看待事情更加積極正面，同時也能幫助你變得更加堅韌。

二、冥想讓你動力不足

恰恰相反呀！我的朋友。冥想可以幫助你更專注自己的目標，並清楚自己為什麼要這樣做。你會更有動力想要變得更有效率，真要細究的話，這是因為你會清楚看到自己眼前所做所為的背後原因。

三、冥想會讓你更不關心自己的工作

誠如冥想不會讓你變得消極；同樣地，它也不會讓你變得不關心自己的工作。真要追根究柢的話，你會發現冥想能幫助你看清所做所為背後的深層意義，讓你更加關心攤在眼前的各種選擇（前提是，眼前所做的工作要符合你所珍視的價值）。總之，冥想不會讓你更不在乎自己的成就，反而是更加在乎。

四、冥想花太多時間

我一天冥想三十分鐘，但哪怕一天只有一分鐘，也能帶給你深刻的改變。別小看短短的一分鐘，一分鐘可以做的事很多。

五、要學會冥想太難了

它真的很簡單；看完下面的方法你就知道了。

冥想其實超級簡單

冥想真的很簡單——可能連三歲小孩都會。冥想跟一次只做一件事很像，只不過更加進階。

一次只做一件事（和正念）是你一邊做某件事，一邊練習專注；冥想則是你單獨只練習專注。它們都有共同的好處（不過冥想的好處是更加集中），最大的區別只在於何時何地練習。總之，冥想和正念就像同一枚硬幣的兩面。

以下是冥想的方式：

- 找個安靜、不受干擾分心的地方。
- 坐直。你不必買冥想座墊或任何東西，只要有一把椅子應該就行了。直挺挺坐正，讓背部的脊椎一節一節挺直。你不必感到僵硬，而是感覺放鬆，但保持警醒。
- 你可以閉上或張開眼睛，隨便你；看怎樣的方式有助於你保持警醒就行了。我若在就寢前冥想時，會讓眼睛微微張開，如此較容易集中注意力。
- 依你想要冥想的時間設置計時器（我用的是手機裡的時鐘App）。我喜歡用計時器裡的碼表功能，從零往上計時，以免我想要延長冥想的時間；但大多數我認識的人都習慣採用倒數計時的方式。總之，選擇一個內心不那麼抗拒的時間，多短都沒關係。
- 在計時器上選擇一個令你感覺舒適的時間後（我建議先從五分鐘開始），便專注在你的呼吸上。在一呼一吸之間，關注身體的所有感受；感覺氣體吸進你的鼻子、咽喉、進入肺部，然後再呼出去。不要刻意控制你的呼吸；只需觀察它即可。你也不要試圖加以分析，只需關注呼吸的自然節奏就行了。
- 最後這個步驟是鍛鍊專注力肌肉的關鍵。當你的注意力飄向其他事情，而你也發現的話（有時過一、兩分鐘才會發現），將注意力拉回來，重新專注在呼吸上。你冥想時肯定會一再反覆這樣的過程，這很正常，而且這也是提升執行控制能力的機會。當你心中浮現念頭或情緒，不需加以批判；只需關注它們，將之視為高速公路上行駛的汽車，而你站在天橋上俯瞰它們。當你的心游移不定（一定會的），請記住，這是你大腦與生俱來的天性。若你在冥想時能抱持一顆好奇心，旁觀自己飄忽不定的心思，你一定會有更多的收穫。像我有時候在發現自己心思飄移後會不禁笑出來，旁人若是看到我的反應，肯定覺得莫名其妙吧！

這就是冥想的方法，沒別的了。

那正念呢？正念其實就是一次只做一件事，讓你得以開鑿出更多空間給眼前的任務，進而幫助你覺察到自己的感覺和想法。至於冥想，則是從正念濃縮出來的精華。

令我覺得好笑的是，這些練習明明如此簡單，卻能衍生出這麼多的好處。但事實就是如此。在過去幾十年間，已有大量的神經學研究證實，這些練習好處多多。我認為當中最重大的研究發現——至少就生產力而言，在於這些練習能夠提升我們的執行控制能力，並強化專注力肌肉。

哈佛醫學院神經學家莎拉．拉扎爾（Sara Lazar）曾研究這些練習的成效。她發現，長期冥想者的大腦後扣帶迴皮質（posterior cingulate cortex, PCC）比較不活躍，而這個區域愈是活躍，愈容易讓人分心。拉扎爾表示：「有效控制PCC可以幫助你在思緒飄走之際，抓住它並輕輕將之引導回到手邊的任務上。」冥想可以幫助你重新拿回對自身注意力的掌控權，並進一步控制你的大腦；防止思緒在你想要專注的時候東飄西想。

光看這一點，就值得你練習冥想和正念了。何況，它們還有其他一籮筐的好處，更是值得你試試。

不過，礙於本書篇幅，無法一一列出冥想所有的好處，只能列舉其中幾樣：冥想會降低皮質醇、讓心情平靜、增加流向大腦的血液、延緩大腦老化速度，並且增加大腦灰質（gray matter，主掌肌肉、視力、聽力、記憶力、情緒，以及語言控制）的數量；冥想甚至被證實可以提高考試成績。而且，如果你帶領一個團隊，你擁有的正念愈強，團隊的表現就愈出色。這所有的成效全都能夠幫助你提高生產力，而且都已經獲得神經科學研究的證實。

冥想時，你會近身觀察到自己大腦的邊緣系統對前額葉皮質開戰。邊緣系統會讓你以為自己很無聊、心煩、充滿罪惡感、擔憂、焦躁不安。在你剛開始練習冥想時，你甚至可能會相信它一次或兩次。而且，你的思緒還可能會飄到其他地方：可能是過去發生的某段不愉快回憶，也可能是幻想自己跟蜜拉·庫妮絲，或跟布萊德彼特在談情說愛。這全都只是你大腦的正常運作！每一次你把思緒帶回到當下，就等於再一次鍛鍊你的專注力肌肉。就像你戰勝拖延時的過程，這麼做將會引燃你的大腦。

如果你也像我一樣，在第一次上瑜伽課前對於冥想非常反感，那麼我猜想你的大腦邊緣系統此時正在抗拒冥想的念頭——可能還非常排斥。正因為如此，你更應該要學習冥想。

在我看來，每花一分鐘時間冥想，便能獲得十分鐘的生產力回饋。冥想能夠幫助你更專注、浪費更少的時間、工作更全心全意、更容易辨識出高回報的任務；假以時日，你將更有能力抗拒你的大腦邊緣系統。專注力和覺察力是專注力肌肉的兩大組成元素，沒有什麼比一次只做一件事情和冥想更能有效鍛鍊它們了。

微小計畫

如果你要我指出一個不具正念或毫不從容的城市，我幾乎會脫口說出：紐約。至少在我的經驗裡，紐約是我所去過最不平靜、最沒有耐性，且最沒有正念的城市。但是這些特質並沒有嚇跑雪倫．薩爾茲堡（Sharon Salzberg），她依舊以這座城市為家。

雪倫是個很棒的女人。在歷經動盪不安的童年後（她十六歲前換住過五個不同的家庭），雪倫長大成為一名虔誠的佛教徒，並在大學亞洲哲學系裡修習相關課程；她還因此前往印度深入鑽研佛教。

1970年代從印度回來後，她與約瑟夫．葛斯坦（Joseph Goldstein）和傑克．康菲爾德（Jack Kornfield）共同創辦「內觀靜心協會」（Insight Meditation Society），如今她被視為將佛教和冥想引進西方的關鍵人物。雪倫同時也出版過不少暢銷書，包括《辦公室靜心冥想的練習》（*Real Happiness at Work*），該書談到如何將正念帶進職場，同時又兼顧工作表現和生產力。

為了採訪雪倫，我飛到紐約到她的公寓跟她碰面。她的公寓距離聯合廣場只有五分鐘步程，你很難想像一名冥想老師竟然會住在如此紛擾的鬧區。但當你見到她本人後，大致就能明白箇中原因了。雪倫說話的模樣跟一般紐約人沒有兩樣，但你可以感覺到她把全世界所有的時間都留給了你。她一方面過著平靜正念的生活，一方面又完美融入這座城市的風格。她走路的樣子比大部分人多了一份從容；但除此之外，她就跟一般的紐約人沒有兩樣。若是她走在人群當中，你根本看不出她是個冥想老師。

儘管雪倫長期接觸冥想與佛教，她卻絲毫不認為以正念生活在當今這個時代有多麼困難。她不認為冥想非得依附在某個特定信仰體系之下，也不見得要「把雙腿盤成跟蝴蝶扭結麵包一樣才算是冥想」。此外，對於冥想時間的長短，她也非常隨緣，沒有不切實際的嚴格限制。我們聊天時，她引用某項研究結果：每天只要五到十分鐘冥想，就足以重新改造你的大腦，因而徹底改變你看待自身工作與生活的方式。雪倫採用的是切合實際的冥想方式，並將之視為從容度日、與自己內在連結，進而活出幸福人生的一種方式；而不是拋下所有身家財產，跑去佛寺裡修行，祈求早日頓悟成道。

在我們的聊天過程當中，最有趣的部分是，當她談到如何將正念帶入日常生活、替工作開鑿出更多的注意力空間，甚至為了想要達成目標而設定「微小計畫」。在思索如何幫助人們每天抱持正念時，她提出跟查爾斯．杜希格類似的看法；她發現我們的工作環境裡遍布許多提示，這些規律發生的事件，往往是提供我們練習正念的大好時機，讓我們得以用幾秒鐘的時間後退一步、觀察自身的呼吸與當下感受，並且一整天保持內心的平靜。這麼做並不難，你可以讓電話多響幾聲，響到第三聲（而非第一聲）再接起來；如此一來，你就能花幾秒鐘的時間放慢腳步，跟自己多相處一些。或者你可以在按下「傳送」前，等個幾秒鐘做一、兩個深呼吸，重新看一遍電子郵件後再寄出。又或者你可以花幾秒鐘走到另一個房間，全神貫注在踏出的每一步上。

正念能讓你從容做好眼前的工作，因為它讓你真正退一步思索想要達成的目標、領會你當下的感受，並瞭解你當下在想些什麼。據雪倫表示，這樣的機會每天多到無以計數：「在你談話之前、開會前或處理任何事情之前，不妨退一步，試著與自己的內在連結，看清自己想要什麼。譬如：你最想從談話當中看到什麼結果？然後朝那樣的結果努力，而不是任由你的感覺牽著鼻子走。」正念讓你每天隨時得以設定「微小計畫」，一整天累積下來，終會讓你變得更具生產力。

唯有時時刻刻保有周延謹慎的思維，讓自己隨時從工作中退後一步，這才是提高生產力的關鍵。當你以「自動駕駛」模式工作，便很難從容行事或保有生產力。習慣無疑非常重要（下一部我會談到它的重要性）；但若無充裕的注意力空間或強健的專注力肌肉，是不可能做到從容行事的。

有了正念之後，你才能後退一步、為眼前的任務創造出空間，因而更從容謹慎地做事。

和雪倫聊天的過程中，我注意到她身後桌上放著一台iMac、iPad，以及iPhone；而且，在我們談話當中，她不斷接收到來自四面八方的通知。她其實可以起身關掉其中幾個通知，但她沒有；而且在聊天過程中，她絲毫沒有動心想要查看通知的內容。即使她每隔一、兩分鐘就會收到新郵件，也不會因為這些源源不絕的干擾而分心，任由大腦邊緣系統遭受劫持。而且，在她搭乘計程車前往下個約會的途中，儘管她口袋裡的iPhone頻頻發出通知提醒，她卻不為所動，一次都沒有把它拿出來看過。

在我眼裡，雪倫是正念和冥想的完美典範。要訓練大腦變得強壯、使它每次交鋒都能戰勝邊緣系統實非易事，但雪倫成功做到了。況且，在她歷經坎坷的童年生活後，還能寫出九本暢銷書，當然更是不容易，但她也成功做到了。再說，在紐約沒有多少人能像她那麼富有同情心或生產力。

正念和冥想只能局限在瑜伽教室或Lululemon瑜伽專賣店裡的想法早已過時：打從時間經濟時代結束、人們邁入知識經濟時代的那一刻起，這種想法就跟著落伍了。

如今，最有生產力的人是那些從容行事的人；而要做到從容行事，最好的辦法就是培養、並維持強有力的專注力肌肉。

挑戰

冥想

所需時間：一天5分鐘，持續一週。

所需精力／專注力：9/10

價值：9/10

樂趣：7/10

你會從中得到什麼：比起一次只做一件事情，你透過冥想所養成的專注力肌肉會多出更多；這會讓你無時無刻不謹記自己的長期目標，並且更從容地處事。

我給你的挑戰是在未來七天內，每天花五分鐘鍛鍊你的專注力肌肉，你可以採用冥想的方式，或是將正念帶入工作當中。

如果你的大腦對這次挑戰的抗拒，比本書中其他挑戰還要強烈的話，這很正常。由於冥想和正念是訓練大腦戰勝本能邊緣系統的方法，因此，當你第一次坐下冥想時，你的邊緣系統勢必會強烈反擊。不過，每當你把飄走的心思帶回呼吸時，你的專注力肌肉就會變得更發達，讓你之後能夠更從容工作。

你的大腦會抗拒這類挑戰很正常，既然如此，我們不妨讓這個挑戰更有趣一些。我要你嘗試這個挑戰短短幾天就好了，只需觀察看看會發生什麼事情，並特別留意之後是否出現不一樣的想法或感受。可別小看這五分鐘的威力！

此外，我現在還要給你一個挑戰：請你為明天的工作嵌入一個「微小計畫」。無論你要把正念運用在參加某個會議前、開始某項任務或計畫前、查看智慧型手機前，或是開啟電子郵件收件匣前都可以。此時此刻，請你想想看明天要選擇哪個方式從你工作後退一步，並反思你會有什麼感受與想法，以及想要達成什麼樣的目標。

要鍛鍊你的專注力肌肉並不容易，但正因如此，才值得你付諸努力。

一旦你成功訓練大腦戰勝它自己，會是多麼棒的一件事呀！

| 7 |

更上一層樓

第22章

補充能量

重點帶著走： 循序漸進的改變幅度雖然並不明顯，但週復一週、月復一月所累積下來的變化肯定會大到令你詫異。小改變終究會堆積出豐碩的成果，尤其在飲食上更是顯著。

預計閱讀時間： 13分16秒

食用代餐的痛苦經驗

在我進行的眾多生產力實驗當中，只有一個以慘烈失敗告終，因為我實在堅持不下去了。令我半途而廢的倒不是完全與外界隔離十天的實驗（雖然過程也很難熬，關於這點我會在下一部詳述），而是一整個星期只能吃「Soylent代餐」的那個實驗。

Soylent背後的概念其實很酷；它是一種粉末狀的代餐，裡頭包含人體一天需要的所有營養成分。你只需把粉末和水混合，然後一天喝個幾次。它的口感有點像是稀釋過的燕麥粥，但還不算太難吃。一天當中，你不必再吃其他任何東西。為了這個實驗，我參考網路上查到的產品搭配方式，向這間與產品同名的公司選購一套適合自己的配方。這套配方裡包含燕麥粉（碳水化合物）、豌豆蛋白粉（蛋白質）、亞麻粉（纖維）、提升口感的紅糖（碳水化合物）、碾碎的綜合維生素粉（維生素和礦物質），甚至還有橄欖油（脂肪）。

Soylent最棒的地方是：你可以根據自己的實際飲食需求修改配方。需要更多的蛋白質嗎？沒問題，就直接增加配方裡頭的蛋白質、少一點碳水化合物。需要多一些維生素D，幫助自己對抗冬季抑鬱症嗎？只要多碾碎幾顆維生素D，添加到配方裡就行了。

Soylent背後的設計理念真的超級棒：它能夠節省你的時間，因為你只要沖泡好就能食用，不必再花額外時間準備。它也能夠節省你的專注力，因為你可以繼續專注在工作上，不必停下來準備食物。而且它還能夠節省你的金錢，像我在實驗過程中曾計算過，就算我多添加了蛋白粉，每天的餐費還是只有區區的7.98加幣。如果沒有額外添加蛋白粉，我每天還花費不到5加幣呢！

我就是愛美食

然而，儘管Soylent滿足我所有的營養需求，它卻滿足不了我對食物深刻堅定的熱愛。

相信我，只要我吃過的美食，無論在餐廳吃或是外賣，我幾乎都記得一清二楚。雖然截至目前為止，我從未將自己部落格的文字複製轉貼到本書裡，但現在我不得不偷吃步一下。Soylent實驗後，我曾在部落格提到我對食物的熱愛，我自認寫得還不錯：

……在我大一升大二的那個暑假，曾心血來潮飛去歐洲獨自一人旅行。雖然才沒多久以前的事，我卻不太記得那趟旅行的細節（「未來的我」為此註解：難道是因為我忙著滑智慧型手機害的嗎？），可是我卻清楚記得吃了什麼。我記得在波蘭克拉科夫市中心廣場的一家米其林餐廳裡吃到鮮嫩的兔肉；我記得走在巴黎一條小街上，周遭人們說著我聽不懂的語言，而我手裡拿著一根超大的長棍麵包邊走邊吃，一塊塊掰下來狼吞虎嚥；我也記得今天早飯（燕麥煎餅和一顆蘋果）、午餐（白飯和自製辣椒），以及晚餐（蔬菜、皮塔餅、鷹嘴豆泥，而且又吃了白飯和自製辣椒）各吃了什麼。我甚至連昨天和前天吃的東西都還記得清清楚楚。

……就簡單拿食物的口感來說吧！我喜歡咬下新鮮芹菜棒的感覺；感受這富含纖維的蔬菜在我牙齒的重壓下，如同一座石頭城堡崩塌成碎片。對我來說，食物就是一首詩；我的人生與它們息息相關、密不可分。如果某一天我的心情特別興奮，往往是因為我即將吃到某個期待的食物……。

Soylent實驗才進行到第二天，我就開始想念食物了，而且想到快發狂。第一天我就已經快受不了了，但到了第二天早上我醒來時，一想到自己無法做一頓豐富早餐，還得喝一整天燕麥口味的糊狀代餐，我只想蜷縮身子冬眠一星期都不起床。那天下午，當我從一場演講活動離開搭公車回家時，我記得自己眼巴巴地望著窗外，一一細數著自己在實驗結束後要吃哪些餐點。就在那一刻，我決定提前結束實驗。我不在乎Soylent可以為我節省多少烹調或準備食物的時間、不在乎攝入百分之百正確食物能為我增加多少能量，甚至不在乎自己能夠省下多少錢——儘管當時我的手頭比較拮据。我願意做很多事情來提升生產力，但我選擇不繼續採行這樣的實驗。我最在乎的是不必再過一星期水深火熱的日子，生產力反倒是其次。

公車快到家時，太陽也開始西下，於是我提早一站下車，走去「漢堡王」，點了最大的華堡，裡頭每樣食材都是超大規格。

最後，我全部吃光光，一丁點都不剩。

精力與生產力

表面上來看，那些影響你精力的東西（例如吃進哪些食物、有沒有運動、睡眠時間是否充足等等），似乎對你能夠完成多少工作量不會有太大的影響。然而，我從自身的幾個實驗中發現（例如一次只做一件事或冥想），事實卻完全不是如此。精力就是提供你每天生產力燃燒的能源，沒有精力，你的生產力就只有乾燒的份。

尤其從神經學的角度來說，具備源源不絕的能量極為重要。你的腦細胞所需消耗的能量，是你身體其他細胞所需的兩倍。還有，大腦雖然只占全身體重的2％到3％，卻要消耗掉你攝取熱量的20％。當你努力提升生產力時，具備強大的心智功能就變得至關重要——也就是要具備極旺盛的能量。這在知識經濟時代更是重要，因為我們有許多任務不僅需要大量時間，還要耗費同樣大量的專注力和精力。

除了Soylent實驗失敗之外，我其實還有一個失敗的生產力實驗（至少不算完全失敗），那就是我試圖將體脂從17%降到10%的實驗。實踐的過程其實跟Soylent的實驗非常相似，因為在這段期間我必須節制飲食，不能吃我愛吃的食物，以求體脂降到10%。我把這個實驗分成兩個部分：一來把體脂從17%降到10%；二來增加4.5公斤的肌肉。在我一年計畫結束時，我增加了將近7公斤的肌肉——關於這個部分之後會再細談，但體脂卻沒有降到10%。明確來說，在計畫結束時，我的體脂仍然徘徊在15%左右。

如今回想起來，我發現10%的體脂率雖然是個崇高的目標，我卻沒有好好執行。當我對這個實驗的最初動力消退後，我恨不得立刻暫停實驗。我努力做出激烈改變，好讓目標快一點實現，但這麼做非常不切實際。「過去的我」在設計這個實驗時未考量現實情況，他沒有為「未來的我」著想，沒能考量到「未來的我」在現實中多麼難做到這些改變。

問題癥結跟Soylent的實驗結果雷同：我就是太熱愛美食了。

循序漸進的改變

從上面的描述，我們清楚認識到一點：現實生活中要提升生產力真的很難成功。正如我在前一章所說，要達到更多成就，你必須經常做出痛苦但短暫的犧牲，以換取長期的回報。不過，雖然書中提到的各種犧牲若能逐一做到是件很棒的事，但老實說，並非每個犧牲都值得你去做。關鍵在於你要懂得分辨：哪些改變值得你花時間和精力去做，哪些則不值得。

對我來說，享用美食是天底下最快樂的事情之一。整體來說，我對生產力的重視程度，略勝於食物帶給我的愉悅感受，但兩者不相上下。要我犧牲美食或許可以，但我知道，若是短期內必須做的改變過大，我根本不可能堅持下去，尤其是我對美食的依戀如此根深蒂固。（我知道我不是天底下唯一一個因享用美食而興奮的人；研究指出，當你吃下兩個起司漢堡後，腦中所釋放出的多巴胺，相當於性高潮時所釋放出的份量。）

在計畫結束一年後的今天、我寫下這些話的同時，我的體脂已經降到13%左右，我從小到大從未像現在的身材這麼棒。然而，體脂並非一夕之間就降到13%。我所做的是一點一滴逐漸改善飲食方式；這些改變小到不會對我造成太大的負擔，但又大到足以在一段時間後累積成顯著的變化。野心大絕非壞事——你我都該如此，只不過，為了達成目標所採用的方式愈激進，你就愈不可能持續下去。

舉例來說，在我計畫結束前一個星期，我開始改喝黑咖啡，不再加兩球奶精、兩顆糖〔在加拿大Tim Hortons甜甜圈專賣店裡，我們稱這種咖啡為「雙份雙份」（double double）〕。過了一、兩個星期之後，我開始把早餐煎蛋捲裡的香腸改成菠菜之類的蔬菜。這些一點一滴的改變非常小，小到幾乎不值得寫出來。但是，隨著時間的推移，這些改變開始產生加乘效果，累積到一個程度便足以讓我的體脂降到13%。而且它至今仍在持續穩定下降，因為我仍維持這些改變。總之，小的改變和習慣日積月累總會看到成效的。

當你突然一下子整個改變飲食，最初的興奮和動力早晚會消退，加上你做出的改變太大、太嚇人，根本無法讓你長久堅持下去。相反地，一點一滴的微小改變則有效多了：因為小改變並不可怕，也不會帶給你太大的負擔；從長遠來看，你也才能持續下去。日積月累之後，你的動力會變得更強，進而做出更多的改變。

複利是我最喜歡的概念之一：假如你今天在銀行帳戶裡存入100加幣，每年可以得到8%的利息，到了第九年，你不僅賺回當初投資的100加幣，還多出100加幣可以繼續滾利——你的錢其實不止多出一倍，而是變成205加幣。如果你25年都不去管那個帳戶，到時候你原本的100加幣就翻了七倍，變成734加幣。而且之後還會繼續利滾利，愈變愈多。

這跟一點一滴的小改變是同樣的道理。要想快速減重，最好的方式就是選擇時下最流行的速效減肥餐。可是，一旦你最初的動力消退（幾乎毫無例外），你極可能就恢復到原先的生活習慣，之前減去的體重又全都回來了。鮮少有哪本書的作者像我這樣強調微小改變的威力，鼓勵你在生活與工作中做出一點一滴的改變，可能是因為這樣的概念太不吸引人了。然而，它比我試過的任何一個方法都有效。就像銀行複利一樣，當你開始在自己人生的各個熱點上做出些微改變後，假以時日，你所有的習慣會開始起加乘作用，進而慢慢回饋你豐碩的利息。（閱讀和學習之所以帶來巨大成效，也是出自於複利的原理。）

而且最重要的是，它們都能真正持續下去。

吃出能量

我在寫這一章時心裡感覺很怪，因為說實在，你真的不需要這本書或任何飲食書來教你如何吃得更健康。雖然偶爾由別人指引一下正確方向也很不錯，但我相信你對於改變飲食、提升精力的方法，多少有些概念。

在一年計畫期間，我做了能量追蹤紀錄，觀測飲食對自己精力的影響。我發現，藉由飲食補充能量，進而提高生產力，真的很簡單。

雖然本章是從能量（和生產力）的角度，而非從健康的角度來探討食物，但兩者其實是殊途同歸。我發現，愈能堅守以下這兩個原則，就有愈多的精力。實際生活中要堅守這些原則的確很難（特別是如果你也跟我一樣熱愛美食的話）；然而，你愈是能一點一滴建立習慣，時時謹守這兩項原則，你將會有更多的能量。

這兩個飲食原則如下：

一、多吃未加工過的食物，因為它們需要較長的時間消化。

二、一旦感覺飽了，就停止進食。

當然，這些原則知易行難。但以我的經驗來看，它們可以提供持久的能量，比任何其他方法都有效。只要你堅持下去，假以時日必能看出成效。

食物之所以提供能量，是因為身體會將所有吃進去的食物轉換成葡萄糖：它是一種單糖，你的身體（和大腦）會燃燒它產生能量。就像煉油廠把原油轉換成為車子可用的汽油一樣，你的消化系統會把攝取的飲食轉換成身體可用的葡萄糖。從神經學的角度來看，你之所以有足夠的心理能量，是因為大腦裡有適量的葡萄糖。當你感到疲倦或虛脫時，往往不是因為大腦裡的葡萄糖過多、就是過少；在這兩種情形下，你的大腦都無法順利將葡萄糖轉換成心理能量。研究證實，人體血液中最理想的葡萄糖數值要維持在25克左右，大約是一根香蕉的葡萄糖含量。確切的數值是多少並不那麼重要；最重要的是，你的葡萄糖水準不能過高，也不能太低。

“另外還有一個專有名詞叫做「升糖指數」（glycemic index, GI），用以測量食物對人體內葡萄糖含量的影響，從0到100不等。數字愈低，代表該食物對你的生產力愈好；因為你的身體會以較慢的速度燃燒這類食物，不會一下子釋放出它所有的能量。這項指數非常有用，如果你想進一步提升你的能量水準，你應該多瞭解一下；只不過，我覺得在實際生活中要時時查看升糖指數有點無聊。我不像一些熱衷健康知識的朋友把升糖指數表奉為圭臬，我比較喜歡容易實踐的規則和方法。當然，也有少數的未加工食品具有高升糖指數，像烤馬鈴薯和白飯，但大部分的低升糖指數食物都是未經加工的，如蔬菜、水果、堅果／種子、豆類／豆莢、穀物、海鮮和肉類等。雖然並非所有的未加工食品都對你很好，但大部分是；我也是因為攝取較少加工的食品而獲得充足的精力。”

由於未經加工的食品（大部分，並非全部）需要較長的時間消化，你的身體將之轉換成葡萄糖的速率相對較慢，這會讓你體內的葡萄糖（和能量）一整天都保持穩定的水準，而不是一下子很有精神，然後一下子又沒電了。某種程度上，加工食品已藉由機器先替你消化好了。這就是為什麼你的身體轉換加工食品成為葡萄糖的速度這麼快，以及為什麼甜甜圈不能像蘋果一樣提供相同持久的能量。

第二條原則「一旦感覺飽了，就停止進食」也會產生類似的效果。因為吃下去的食物不會多到讓身體無法順利消化，因此大腦和身體能夠一整天維持穩定的葡萄糖水準，不會一下子將葡萄糖消耗完畢。這就是為什麼吃太飽之後會感到疲倦、昏昏欲睡：因為你攝入過多的食物，讓身體一下子無法順利消化。當你提供身體穩定的葡萄糖水準，你就會有持久的能量，而不是一飛沖天後就突然沒電。

在我的冥想實驗中，我不僅在靜坐和行走時冥想，有時在用餐時我也會使用正念覺察的技術。某天早上，當我一邊正念緩慢食用煎蛋捲時，我注意到一件有趣的事：當我投入更多注意力在所吃的食物時，更容易留意自己什麼時候感覺飽了，因此就會停止進食，不至於吃過量。（我也更能享受到吃東西的幸福感受：當我吃的速度比原先慢一倍，我等於延長一倍享用的時間，而且從中獲得多一倍的樂趣，特別是當我吃東西、沒有分神關注其他事物的時候。）在這個實驗當中，以及之後的日子裡，我愈是正念覺察地用餐，愈是享受到吃東西的幸福感受，也愈懂得適可而止；一感覺飽了就能制止自己繼續進食，避免吃太多。研究證實，你的胃至少需要花十五分鐘，才能傳達給大腦飽的感受。用餐時付出愈多專注力，你就愈有可能在吃飽之前停止進食，因此一整天保有更多的能量。

這兩項原則給了我更多的體能與心理能量，我好久沒這麼有活力過。再者，我在飲食內容和方式上做出的改變愈小，我愈能堅持下去，並且效果愈大。

要想提升生產力，一定得牢記這兩個原則。

挑戰

「最不像減肥餐的減肥餐」

所需時間：2分鐘

所需精力／專注力：2/10

價值：8/10

樂趣：7/10

你會從中得到什麼：你的精力水準會更加穩定，因為你提供給身體和大腦的葡萄糖數量非常穩定，足以供你一整天慢慢燃燒成為能量。

世界上最好的減肥餐就是你現有的飲食：只需要稍加改變、一點一滴地改善即可。雖然這種飲食不會幫助你一夕之間腰圍變瘦好幾吋，但它能讓你長期堅持下去；這才是重點。假以時日，你一定會成功減重。

我給你的挑戰是，針對現有的飲食方式做一點小小的改進，像是多吃一些未經加工的食品，或是提高用餐時的覺察力——更加留意你吃進多少食物，留心自己何時有飽足感。

你的改變也可以是早餐咖啡裡不再加糖；看比賽時不再拿洋芋片當零食，而是改吃蔬菜；不再邊用電腦邊吃東西——這樣你才能留意到自己何時吃飽；或者晚飯選擇跟家人一起吃，而不是坐在電視機前吃——如此你才能更加專注在飲食上。無論你採用何種方式吃出能量，你只需要做微小、能夠持續的改變，以免最初的動力消退後無法堅持下去。

從現在起，當你每星期或每個月查看一次熱點列表時，不妨同時提醒自己在飲食方面多做一點改變，如此你的能量就能愈來愈充足持久。

如果你像我一樣，漸漸地你會迫不及待在飲食上做更大、更多的改變，到那時候你就成功了。小改變之所以能夠持續，是因為它們用不了你多大的意志力，這時你才有更多的精力去做更多的小改變，形成正向循環。

一點一滴的小改變之所以如此有效，關鍵在於它們的成效雖然不明顯，但週復一週、月復一月所累積下來的長期效果，將徹底讓你改頭換面。

第23章

喝出能量

重點帶著走：幸運的是，對你大腦好的東西，同樣也會對你的身體好。為了喝出能量，你必須少喝含酒精和糖份的飲料、多喝水（這對你的大腦健康超級有幫助），並懂得善用攝取咖啡因的最佳時機——而非出於習慣，如此一來，你才能真正享受到能量提升的好處。

預計閱讀時間：13分7秒

只喝水

一整個月只喝水當飲料，是我的另一項生產力實驗。這個月當中，我完全不喝含咖啡因、酒精，以及含糖的飲料。令人難以置信的是，短短一個月就能看出我們有多少根深蒂固的飲用習慣，於是我想藉由這段期間，釐清自己飲用的東西會如何影響我的生產力（如果有的話）。

這個實驗不僅讓我省下一大筆錢（我每個月花在咖啡和酒的費用遠遠超出我的想像），我也同時意識到，飲料對生產力的影響有多麼深遠。雖然「食用非加工食品」，以及「一有飽足感就停止進食」能夠有效提升你的能量，但要從飲料著手提升能量，著實比較困難——尤其是像含咖啡因和酒精這類常見飲料，對體內的葡萄糖水準並沒有多大的影響。

“
關於含糖飲料的一點小提醒

每人每天平均會喝進高達356卡路里的飲料，而這些熱量當中，有44%來自含糖飲料，讓人們喝了之後體內葡萄糖水準大幅飆升，隨即又降到谷底。在這次實驗期間，我並沒有機會測試含糖飲料的效果，因為我雖然偶爾會喝杯冰沙，卻從來沒有喝含糖飲料的習慣。再說，我向來盡可能從真正的食物裡攝取所需熱量。更何況，喝含糖飲料對生產力絲毫沒有幫助，因此我總是敬而遠之。即便是表面上看起來超級健康的新鮮果汁，事實上也會讓人體內的葡萄糖水準瞬間竄升，隨即卻又讓整個人的能量大幅下降。

總之，在這次實驗中，我主要是針對戒掉咖啡因和酒精做測試。”

預支明天的能量

在實驗開始之前，我本來就不是那種嗜咖啡或酒精如命的人。多數日子裡，我會一天喝一、兩杯綠茶（咖啡因含量大約是一杯咖啡的20%），每個星期則會喝一、兩杯咖啡。此外，我每個星期也只會喝少許的酒精飲料，通常在社交聚會或看曲棍球比賽時才會喝。在開始水的實驗之前，我並未留心自己什麼時候喝東西，或是喝了些什麼。實驗開始之後我很快有了改變，善用這個機會退一步反思酒精和咖啡因對生產力是助力還是阻力。

所謂的「藥品」，就是會對你造成生理影響的東西；若照這樣的定義，咖啡因和酒精也算是一種藥。舉例來說，當攝入咖啡因和酒精時，腦內掌管快樂的化學物質「多巴胺」會大量分泌，等於是獎勵你喝了它們。（多巴胺並非全然不好，沒有它的話，你的動力很難被激發出來；只不過，它給某些事物的獎勵就是會比其他事物多。）

我在戒咖啡因和酒精飲料時，從未因癮頭發作而感到難受，過程中我反而注意到一個有趣的現象：在為期一個月的實驗結束前，我的精力開始變得超級旺盛（尤其在週末時）。不僅如此，我的精力還出乎意料地穩定，跟我之前每週喝好幾杯飲料時相比，此時的精力波動不再那麼大（同樣也特別是在週末時）。

在我注意到這些改變、並深入做了一些研究後，我開始瞭解到：為了生產力的考量，酒精和糖都不該攝取。（所以我在第17章提到的幾個減壓策略裡，並不包括飲酒，因為酒精無助於降低體內的壓力荷爾蒙。）在飲酒的當下，酒精或許會提供更多的精力或創造力；但到頭來，它會讓你的精力和生產力下降，使你更難完成預定的目標，尤其在喝酒嗨完之後提不起勁時。我把喝酒視為預支明天的能量，到了明天早上，你必須為借貸的能量償還利息，這會使你的整體能量下降。若是喝酒時還與糖或咖啡因一起飲用的話，後果會更加嚴重。

當然，許多人願意付出這樣的代價，這時就得回到我在本書一開始提到的觀點：你要做的改變到底對你有沒有意義？每隔一陣子，我會樂意承受這樣的代價。像跟朋友聚餐時，偶爾會喝幾杯酒，但前提是內心已事先評估對精力造成的影響，也確定值得付出這樣的代價。如果你想要有個豪放狂野的夜晚，就去吧！畢竟決定權在你身上，但請你務必先想清楚這麼做的代價。自從我的喝水實驗後，我開始會擔心喝了酒之後可能對精力造成的負面影響，因此我通常會在喝酒當晚和隔天多喝一點水，設法降低酒精的影響。而且，在我發現不喝酒可以有效提升精力之後，我便減少一半酒精的攝取量。說是減少一半，其實也沒多少，因為我本來就喝得不多。總之，我希望你能考量到酒精對精力和生產力的影響非同小可，在下次決定要喝一杯還是兩杯（或三杯）酒時，能夠多想一下。

> “如果你習慣睡前小酌以幫助自己順利入眠的話，要小心一點：酒精確實被證實有助於快速入眠，但它也會降低整體的睡眠品質（尤其是醒來前的那段睡眠）。”

在我讀過的生產力和飲食書籍裡，大部分都建議讀者從飲食中完全戒掉酒精。但我考量到這對多數人來說可能太過嚴苛，反而難以長期堅持，甚至不願意嘗試。我希望你至少先瞭解喝酒對精力和生產力造成的影響，並權衡自己的決定會產生什麼後果，然後再來決定要不要因此改變你的習慣。

慎選喝咖啡的時機

若說飲酒是預支明天的能量，那麼喝咖啡因飲料就是預支當天稍晚的能量。

假如喝完咖啡因飲料之後，不會出現能量一下子跌至谷底的問題，那麼它理所當然是提高生產力的最佳方式。可惜，事實並非如此。因為在你攝取完咖啡因八到十四小時後（確切的時間因人而異），你的身體會把它代謝出去，因而導致能量一下子跌至谷底。在你的身體和大腦裡存在一種名為「腺苷」（adenosine）的化學物質，在你疲累時，它會通知你的大腦。咖啡因會阻止你的大腦吸收這樣的化學物質，不讓你的大腦知道它累了。但問題來了：雖然咖啡因阻止你的大腦吸收腺苷，但腺苷仍會繼續分泌，直到咖啡因不再干擾你的大腦吸收為止。此時，你的身體和大腦會一下子吸收到大量累積的腺苷，因此導致你的精力水準直線下降。有一些方法可以減輕這些影響（我們稍後會提到），但不可能完全消除。

話說回來，雖說攝取任何含咖啡因飲品之後，都會使你的精力跌至谷底，但只要懂得善用咖啡因，它可說是一個強大的生產力工具。換句話說，就是當你開始謹慎喝它，而不是出自於習慣之時。（是否注意到某個一再重覆的主題呢？）

比方說，你每天早上都習慣為自己準備一杯剛煮出來的熱騰騰咖啡。儘管這個習慣很有情調，也是種悠閒展開一天的理想方式，然而這麼做對你的能量水準未必是件好事。由於喝咖啡等於在預支當天稍晚的能量，每天早晨喝一杯咖啡，肯定讓你每天下午同一時間出現精神不濟的現象。由於你的身體要花八到十四小時代謝掉咖啡因，假如你一早醒來就喝咖啡，這意味著你的能量到了每天下午同一時間就會跌至谷底。此時，你若不是捏大腿提神、撐過能量低迷的時段，不然就是再喝一杯咖啡。但後者可能會影響到你當晚的睡眠，因為你的身體需要一段時間才能完全代謝掉咖啡因，因而耽誤到你入睡的時間；許多人往往就掉進了這樣的惡性循環。

不過，喝咖啡的習慣還有一個常被人忽視的缺點：你的身體會隨著你所攝入的咖啡因含量而逐漸適應。換句話說，假如你每天早上喝一杯咖啡，身體會慢慢習慣這樣的咖啡因量，直到它成為「新常態」。事實上，當大腦適應原本所攝入的咖啡因含量，它甚至會開始長出新的腺苷受體（adenosine receptor）。剛開始，當你從不喝咖啡變成一天喝一杯咖啡時，你的能量和生產力都會因此大幅提升；這樣的回饋非常即時，因此強化了你喝咖啡的新習慣。然而，一旦你的身體習慣那樣的咖啡因量之後，若想要獲取充足的咖啡因，就得每天早上喝下兩杯咖啡，因為你的身體已經適應了只喝一杯的量。如果每天早上依舊只喝一杯咖啡，研究證實它並不如你剛開始只喝一杯咖啡那麼有效。

在我一整個月只喝水、不喝其他飲料的實驗裡，我並未發生任何咖啡因戒斷的症狀。不過每到某些時間點，我總會很想要喝一杯咖啡因飲品。這是因為我在工作環境裡碰到某些「提示」，觸發我想要喝杯咖啡或茶的習慣，像是出席重要的會議、處理高回報的任務，或是到健身房運動都屬於這類提示。此時我才意識到，謹慎選擇喝咖啡的時機對於生產力的影響有多麼大。當你依照習慣的時間點飲用咖啡因時，一旦身體適應既有的咖啡因攝取量，它對你的生產力就不再那麼有幫助。然而，當你慎選攝取咖啡因的時機，你的生產力將會直衝雲霄，因為你能把更多的精力和專注力放到需要大量精力或專注力（或兩者）的工作上，進而從中受益。

飲用咖啡因最有效的方式

當我寫下這些文字時，正值早上十點半；此時的我正坐在家附近的一間小咖啡廳裡，啜飲著中杯黑咖啡。雖然我並不習慣喝很多咖啡，但在像今天這樣的日子，我喜歡多喝一些。這樣做能帶給我更多的精力和專注力來寫這本書，我認為非常值得。一天當中的某些時段裡，若有辦法獲取額外的能量，將會帶給你極大的幫助；而對我來說，此時正是其中一個時段。

要從原本喝咖啡因飲品的習慣，一下子變成在適當時機才飲用咖啡因，並不容易做到，但只要循序漸進，一定能順利改變。舉例來說，假如你很愛喝咖啡，每天要喝上兩杯，你不妨從四分之一杯無咖啡因咖啡開始改變；你應該不會感覺到多大的區別。

最棒的是，當你開始慎選飲用咖啡因的時機，不再依原有習慣喝咖啡因飲品後，會發生一件神奇的事情：你的能量庫突然間變大了。當你需要用到大量精力時，隨召隨用。碰到愈困難的任務時，你會需要愈多的精力，此時若能召來更多的精力，對你的幫助就會非常大。在一年計畫裡（特別在喝水的實驗後），我只有在做下列這些任務前才會飲用咖啡因：

- 發表重要演說。
- 寫重要的文章。
- 規畫我每日必做的三件事（見第3章）。
- 研讀一篇複雜的研究論文。
- 從事很耗體能的運動（咖啡因已被證實有助於提升運動表

現）。

除了慎選飲用咖啡因的時機外，關於咖啡因的攝取我還有幾點大方向的建議，提供如下：

> “**如果你的個性很內向，在此我有個小小的提醒**：經證實，在工作量很大、又有期限壓力的狀況下，飲用咖啡因會讓內向的人工作表現變差，但對於外向的人卻有相反的效果。這是因為性格內向的人本來就比較容易受到周遭環境的刺激，一旦再攝取咖啡因，反而使情況變得更糟。我的個性介於這兩者中間（甚至比較偏內向），但我發現適量的咖啡因對我各方面的表現幾乎都有正向的影響。”

- 不要喝含糖或含酒精的咖啡因飲料。它們只會使你更快耗盡精力，後果會更嚴重。
- 在處理創意任務前，務必節制咖啡因的攝取量；因為咖啡因已被證實會影響你處理創意相關任務時的表現。
- 要留意別在睡前八到十四小時飲用咖啡因，免得影響睡眠。
- 基於生產力的考量，最好在早上九點半至十一點半之間飲用咖啡因（如果你在早上六至八點之間醒來的話）。在這段時間裡，咖啡因對能量水準的影響最大，因為此時你的皮質醇水準偏低，自然精力也會偏弱。此外，在下午一點半至五點半之間飲用咖啡因也會產生較大的影響，只不過它需要八到十四小時內才能排出體外，假如會影響睡眠的話，你最好還是別在這段時間飲用。

- 選擇更健康的咖啡因飲品，如綠茶或抹茶。綠茶和抹茶是我最喜歡的咖啡因飲品，因為它們富含大量的抗氧化劑和茶氨酸，如此一來可以緩解飲用咖啡因數小時後精力崩潰的症狀。抹茶比茶或咖啡都貴上許多，但我認為很值得；你只不過多花一點錢，卻可為自己買回一些能量，以留給當天稍晚使用。只要想到能量水準對生產力有多大的影響，往往就會覺得多花這一點錢是值得的。
- 善用精力崩潰的時機。我常喜歡在搭過夜班機前十二小時喝一大杯咖啡，這樣一來，我剛好可以從起飛睡到降落。當我出國旅遊時，我喜歡在醒來幾小時後喝點咖啡，如此接下來一整天我才有充沛的精力，等我精疲力竭時，也剛好是當地時間該睡覺的時候。

一旦你後退一步、謹慎飲用咖啡因時，你的生產力將會變得無窮無盡地多。

這再次證實了，培養審慎周延的態度，對於生產力為何會如此重要。

就是愛喝水

我原本進行喝水實驗的初衷，是想觀察自己在完全戒除咖啡因和酒精之後，會對生產力造成什麼影響。然而，當初我並沒有料想到，一整個月只喝水、不喝其他飲料的期間，我的精力竟會變得如此旺盛。

喝水就跟冥想一樣：如此簡單，卻又如此潔淨、威力十足。在所有飲料當中，水顯然是最不起眼的；但自從這個實驗後，它儼然已成為我的最愛，從那時起我必定隨身帶一瓶水。每天早上，醒來後我做的第一件事情就是喝一公升的水。而且，在多數日子裡，我總是不斷在喝水，直到睡覺為止。再說，不計其數的研究都證實，水對於你的健康和生產力有極大的幫助。

某項研究指出，一早起來馬上喝水，能夠立即啟動你的新陳代謝，並使得代謝速率加快24%。（何況，醒來時你的身體通常會處於脫水狀態，因為你已經有八小時沒喝東西了。）另一項研究則發現，在每餐飯前喝一杯水的受測者，三個月下來瘦了2公斤。為什麼呢？因為飯前喝水會填飽部分你的胃，而且水不但沒有熱量，還能抑制食慾。此外，水還可以幫助你的思維更清晰（你的大腦組織由75%的水組成）、使你的皮膚更光滑，並大幅降低你罹患各式各樣疾病的風險。除此之外，多喝水還能為你省錢。像我總是主張節儉過日子，認為省下的錢可以拿去買回自己未來的時間，因此當我選擇水而非其他奢侈飲品時，我等於省下了一筆開銷。在我只喝水的那一整個月裡，由於我不允許自己買其他更貴、更不健康的飲品，因此省下了將近150加幣。

沒錯，光喝水實在很無趣（除非你喝的不是普通的水，而是加了碳酸或調味的水），但千萬不要小看它。水不像酒精或含糖飲料會劫走你隨後的能量，也不像咖啡因在未謹慎飲用時會造成能量水準的嚴重紊亂；事實上，水總會讓你比剛開始喝它時產生更多的能量。況且，當你一天喝下3公升（女性）或4公升（男性）的水之後，我相信你肯定會對自己充沛的精力感到訝異，特別在嚴重缺水時更明顯。〔我發現自己若要維持理想的工作表現，我需要的飲用量比8杯（2公升）的建議量還要多；美國醫學研究院（U.S. Institute of Medicine）等許多組織也都支持同樣的看法。〕人體一旦缺水，會引起疲勞、嗜睡、焦慮、難以集中注意力，這所有的症狀都會降低你的生產力。於是，在我的喝水實驗結束後，我跑去買了一個1公升的水壺，走到哪裡都隨身攜帶。喝完之後再裝水，我每天都會喝掉4瓶。

多喝水、少喝一些劫持你能量的飲料，這個方法雖然簡單，卻能讓你因充足的水而一整天精力充沛。誠如許多人縮減一半的食量卻不會餓一樣，許多人也會因為飲水量倍增而感覺良好。

挑戰

多喝水

所需時間：2分鐘

所需精力／專注力：2/10

價值：7/10

樂趣：7/10

你會從中得到什麼：你一天當中不再那麼常碰到精力崩潰的情況，而且一週下來，你會多出更多的精力。要知道，精力是用來提高生產力的燃料。多喝水、少喝含酒精、糖份、甚至咖啡因的飲料，如此一來，每天和每週的可用燃料才會變多。

這個星期要給你的挑戰是：針對你的飲用習慣，做個微小、循序漸進的改變。

要一夕之間徹底改變飲用習慣幾乎是不可能的，就算改變也維持不久。你不妨從以下這些方向著手改變習慣：

- **少攝取含糖飲料。**含糖飲料會一下子拉高你的血糖水準，隨後造成嚴重的精力崩潰。單就生產力的考量來説，它們沒有飲用的價值。再者，摻有咖啡因或酒精的含糖飲料，更會造成精力水準的嚴重紊亂。
- **降低對咖啡因的耐受度。**隨著時間的推移，這麼做將能幫助你謹慎飲用咖啡因。（若你一天喝好幾杯咖啡因飲品，減少咖啡因的攝取量對你特別有幫助；因為攝取過多的咖啡因可能會逐漸導致腎上腺疲勞，令你身心俱疲。）

- **慎選飲用咖啡因的時機。**當你在處理某個棘手的緊急任務，或者亟需大量精力的時候（對多數人來說，通常是指早上九點半至十一點半之間），再來攝取咖啡因。
- **少喝酒。**沒錯，喝酒很好玩，而且喝酒的樂趣往往值得你為它付出代價。然而，一旦你循序漸進慢慢減少酒精的攝取後，你會為自己充沛的能量感到驚訝。

幸運的是，對大腦有益的東西，同樣對身體有益。提高生產力的過程，其實就是學習更用心謹慎地生活與工作的過程。當吃進去與喝進去的東西會對精力水準產生巨大影響時，我覺得有必要反思自己的飲食習慣。特別是當一天的能量水準總是忽上忽下時，更應該要考慮改變飲食習慣。

第24章

運動良藥

重點帶著走：運動能帶給你的能量與專注力，遠遠超出你投入的時間，因此培養平時的運動習慣有其必要。一旦感受到運動對頭腦的巨大影響後，想必會想要保持運動的習慣，延續如此正面的影響。

預計閱讀時間：11分11秒

DIY腦部手術

從生產力的角度來看，習慣的威力大到令人難以想像。追根究柢，習慣就是由神經路徑（neurological pathway）構成，它們會針對外在環境各種「提示」自動做出回應。雖然習慣通常不易養成，但當你為了正確理由而養成正確習慣時，你所付出的努力終究會開花結果。

每個習慣在養成的過程裡，都需要意志力和毅力；若不需要的話，我們早就能輕易改變，生產力高到破表。正因為每天可取用的意志力有限，就更必須謹慎善用；這也是為什麼這些建立習慣的方法會如此重要。為了讓你看出新習慣的養成有多麼困難，我製作了一張圖表，指出新習慣建立的過程裡，你需要付出多大的意志力（見下頁圖）。

要想達到圖表最右邊的狀態確實需要一番努力，但正確的習

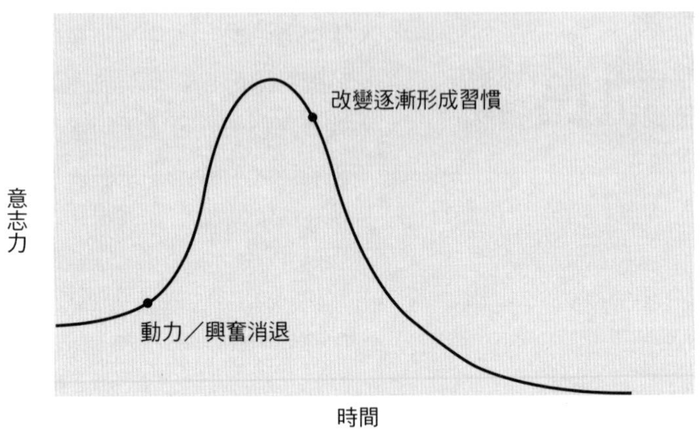

慣值得你投注大量意志力來建立。

本書裡的每個技巧（無論是「三重點法則」還是冥想），只要透過足夠的練習，都能成為你的一個習慣。尤其在你瞭解到，習慣是由「提示、例行程序、獎勵」三項元素組成的迴路之後，你就會找出觸發你做這些技巧的「提示」（某個時間點、地點、心情、人或先前的某個行為），進而從小改變著手，並藉由戰勝拖延和每天一點一滴的改變，克服你對改變的抗拒。研究證實，你每天可用的意志力有限，而且會隨著時間慢慢消耗殆盡。唯有善用這些技巧形成新習慣，它們才可能維持下去。

由於養成新習慣相當於在大腦裡開鑿出新的神經通路，因此，在努力建立新習慣的同時，以某種程度來說，也等於對自己動了腦部微創手術。要開鑿出新的神經路徑並不容易，需要費一番努力；然而，只要你成功了，你就不再需要為其耗費一絲一毫的意志力。從此之後，你就會自動變得更有生產力。

動出生產力

今日，生產力難以提高的主要原因在於：當今職場世界的演化速率，比我們大腦的演化速率快了許多。我們之所以會拖延，是因為大腦前額葉皮質還沒能演化到比邊緣系統還要強大，只好任由邊緣系統一再受到無生產力工作的誘惑。我們之所以覺得上網和多工處理更吸引人，是因為它們會給大腦邊緣系統甜頭吃。但事實上，它們卻會損害我們的生產力。我們之所以喜歡暴飲暴食或偏好過度加工的食品，乃是因為我們還停留在擔心長時間沒食物吃，因而大量囤積脂肪作為儲備熱量的演化階段。

所有這些特性，都使我們演化並存活下來。然而，自工業革命以來，職場結構變化的速度比我們大腦結構變化的速度還要快，這使得大腦有時很難跟得上。光是要在我們的大腦裡形成新的習慣通路就夠難了，更別說要重塑我們的大腦，進而使其在知識經濟時代變得更具生產力了。

運動也不例外。在人類演化史裡我們可以看出：多運動能大幅提高生產力，尤其是有氧運動。但不幸的是，知識經濟時代裡的大部份工作，都不需要用到太多的體能。今天，我們的體能活動量已經達歷史新低。根據「美國運動協會」（Physical Activity Council）最近所做的一份研究指出，全美有28％的人口在整個2014年當中，連一次的體能活動都沒做過。這不僅從健康角度來看很可怕，從生產力的角度來說也是如此。儘管我們的大腦從

250萬年前石器時代至今已經演化了許多，但我們的身體卻沒有太大演變。我們的身體是設計來每天行走8至15公里、四處狩獵並採集食物，而不是每週花五十二小時、一動也不動直盯著螢幕看。

再說，由於我們的大腦不擅長處理壓力，我們的工作表現便因此受到影響。今天，我們不僅活動力達歷史新低，在典型的職場生活裡，我們每天還得遭受更多干擾、要求和期限的壓力。可是我們還停留在只能應付短暫壓力的演化階段，不擅於應付長期的壓力。

你可能曾經聽過「戰鬥或逃跑」的概念；它是指你的身體和大腦在面臨壓力時的應對方式。比方說，你若是近距離碰到一隻劍齒虎，你得立即本能做出決定，看要與牠搏鬥，還是趕緊逃離。當你開始運動後（特別是有氧運動），你的大腦會將其視為一個「戰鬥或逃跑」的情況，進而令大腦釋放出一堆化學物質，好讓你與跑步機「戰鬥」。這些化學物質對於神經系統有諸多好處，尤其有助於緩解壓力。從生物化學的角度來說，運動可以幫助大腦以冷靜有效的方式戰勝壓力。

況且，運動不僅能幫助你釋放壓力，它還有多到數不清的好處，幫助你完成更多事情：運動可以增加流向大腦的血液，因而提升你的心智表現和創造力。運動除了可以消除壓力外，還能緩解疲勞，進而讓你更專注工作。再者，研究證實，運動不僅會強化你的肌肉，甚至還能強化你的大腦。這是因為在運動時，大腦會釋放出一種名為BDNF（腦源神經滋養因子，brain-derived neurotrophic factor）的化學物質，它能夠幫助你長出新的腦細胞；而長出新細胞的區域，多半位於掌管記憶的海馬迴裡。此外，運動甚至被證實能夠使心情變好，並且能夠修補因憂鬱症而受損的大腦細胞。

練出7公斤的肌肉

關於運動能帶給身體和大腦的絕妙好處，每個人或多或少都知道一些，而且多少也聽說過運動能夠釋放腦內啡（endorphins）這類的支持數據。在我開始一年計畫之初，我早已聽過許多這類統計數據，也親身體會到運動的好處，可是這些研究卻沒能成功打動我，即便我知道它們都已通過科學的真實檢驗。換句話說，我那理性、熱衷科學的前額葉皮質雖然將這些統計數據全都吸收進去，卻沒有激起我邊緣系統的動力，好將運動真正當一回事，進而養成運動的習慣。正因為這樣的矛盾，促使我做了一個實驗，設法找出運動對生產力的實質影響。

誠如我之前提過的，為了測出運動和生產力的關聯，我設計了一個「增加5公斤肌肉、體脂從17％降到10％」的實驗。回想起來，這樣的實驗目標並沒有問題。只是我的野心太大，想要一下子改變太多，很難長期堅持。再說，這項實驗也太過困難、不夠明確，而且毫無條理，根本無法持續下去。事實上，我也沒能堅持住，所以到了一年計畫結束時，我的體脂只降到15％左右。不過，雖然我在激烈的飲食方式改變上沒能堅持，我倒是很快就養成為每天運動的習慣。

為了增加實驗的可行性，我強迫自己在每天的正常工作時間外運動（而非在工作時間內，不過許多人的工作狀況不允許這樣做）；並且把運動與我每天超級早起的習慣結合在一塊。（我打從心底相信，要不是因為跟運動結合在一起，我五點半晨起的實驗肯定早就夭折了。關於這部分，下一章會繼續談論。）

我其實算是一個滿宅的人，所以我通常待在圖書館的時間，比在健身房的時間還要多（雖然我偶爾還是會跑去健身）。當我開始這項實驗後，我並沒有因為運動次數變得密集、時間變少而感到心浮氣躁，我反而很快就樂在其中。

好幾個月來，我每天早上一到五點半就會起床，走到我的辦公室，為了稍後的運動先喝杯咖啡因飲料，然後再走去健身房（從我住的地方走到那裡大約要十分鐘）。一到健身房後，我會先做三十分鐘的心肺鍛鍊，再做四十五分鐘的舉重；由於這個時間點我仍處於每日關機儀式中，沒有連結網路，所以我在鍛鍊時只會聽podcast、有聲書，或是泰勒絲的最新專輯。一開始我每天早上只去半個小時，但等我不再感覺那麼抗拒、並結識到一些晨練同好後，我很快就升級到七十五分鐘。由於一開始的改變很小，讓我願意踏出第一步；而運動的好處又帶給我動力，讓我更樂於持續下去。

回顧我運動習慣的養成（至今我仍然保持，只是時間改晚一點），我發現我設計了一個非常適合自己的儀式，雖然當時並沒有意識到這一點。我從一個小改變開始（每天早上三十分鐘），等我對它的抗拒愈來愈小之後，我再逐步延長時間。況且，我把天底下所有的提示幾乎都用上了：時間點（早上六點）、地點（每天早上同一個健身房）、心情（喝完運動前的專門飲料或咖啡後，我會感覺活力十足）、出現我所認識的人（一起健身的哥兒們），以及先前的行為（早起）。

對於這項習慣，我並沒有感到多大的阻力，而且因為邊運動邊聽有聲書和podcast十分有趣，大幅助長了這項習慣的養成。許多人堅稱，一項生活習慣的養成需要特定的天數，但我不這麼認為。舉例來說，假如你想要養成每天早上吃一塊巧克力的新習慣，我敢打賭，不出一、兩天你就養成習慣了。但相反地，如果你想要養成在碎玻璃上行走的新習慣，就算一、兩年大概也無法養成吧！對我來說，去健身房讓我感覺非常興奮，特別是考量到我其他計畫項目的體能活動幾乎為零，而且運動有助於提升心智表現後，我更樂於上健身房。我相信，規律的運動習慣是讓我在一年計畫裡能夠如此有生產力的原因之一。（這本書寫完時，我總共寫了21萬多個字：216,897！）

最棒的是，當我養成固定的運動習慣後（後來變成每週三到五天去健身），我的壓力竟然逐漸消失了，使我變得超級有生產力。我不再感到心力交瘁，而且諷刺的是，我在健身房耗費愈多的精力（只是表面上而已），接下來那一天我工作時的精力也就愈多。而且在整個冬季裡，我變得更快樂、也更樂觀（在加拿大寒冷的冬日裡，我的心情往往也隨著氣溫一路下降）。再者，我在工作中遭遇困難不再畏縮；碰到突如其來的危機時，我的抗壓性也變高了。總之，運動就跟冥想一樣，改變我對各種經歷的詮譯角度。每天早上，我把我的壓力丟在健身房裡，一整天都保有更旺盛的精力，而且更有生產力。

幾個月過去後，我一點一滴的改變開始出現加乘效果，我的肌肉量愈變愈多。誠如我之前提到的，直到計畫結束時，我已經多出近7公斤的肌肉，竟比我原本計畫的還多出50%。（想像一下在豬肉攤上，7公斤的精肉會有多少？這就相當於人體的肌肉量。）

時間成本

當然，為了生產力而運動勢必會碰到一個問題：你用來運動的時間，必須從其他事情挪用過來；但對大多數人來說，其他事情感覺上比運動重要多了。

我之所以會寫到飲食、運動，以及下一章的睡眠，是因為我認為它們值得你投入相當的時間。但這也是第七部裡所有技巧，以及其他各章某些技巧（如冥想）會碰到的問題：一般人在面臨額外做三十分鐘工作，以及做三十分鐘有氧運動（或是多睡一點、更健康的飲食、冥想等）的選擇時，表面上往往是選擇多工作三十分鐘會比較好（至少在生產力的考量下）。多做一些工作比起運動更容易、更刺激，而且罪惡感較少。

但在現實生活裡，短期內你可能會因為多做三十分鐘，而完成更多的工作；但長期來看，卻可以透過滋養你的精力水準而完成更多工作，而不是如我們的老友蒂姆．彼契爾所說：為了感覺良好而讓步。

滋養你的精力水準最終會節省你的時間，因為你能夠投注更多精力和專注力在工作上，達到事半功倍的成效而多出更多時間。就像本書所有其他的技巧一樣，運動能讓你更有效支配時間；同樣地，當你把時間投注在吃得更健康、睡眠更充足時也是如此。這三項活動都可以為你帶來更多的時間，以及更高的生產力，儘管你在做它們的當下，內心可能會天人交戰。

我倒不是說這三項活動必須永遠擺在第一位，像有些時候你會（也應該）多工作一小時，而不是去吃健康餐或上健身房；有些時候你則應該好好出去玩，不一定非得每晚早早上床睡覺。但整體來說，當你每個星期調整航向、為了提高生產力多進步一點點時，我相信你會發現它們值得你投入時間。

自從我的運動實驗後（甚至在我的計畫結束後），我依舊會碰到內心天人交戰的時刻，糾結著是要延長工作，還是去健身房，有時候就真的選擇工作。但每次當我這麼做之後，我很快又會回去健身，倒不是因為我沒堅守部落格上的承諾而有罪惡感，而是因為我選擇延長工作後，反而完成更少工作，因為能量庫存愈變愈少。

誠如《運動改造大腦：IQ和EQ大進步的關鍵》（*Spark: The Revolutionary New Science of Exercise and the Brain*）作者約翰·瑞提（John Ratey）所說：「運動是優化大腦功能最獨一無二的有效工具。」他甚至誇張地表示：「如果運動是一種藥的話，那麼各報章雜誌勢必以頭版大篇幅報導，譽它為本世紀最暢銷的良藥。」我完全同意他的說法。總之，運動值得你投注時間，因為它是提高生產力最棒的方法之一。

要知道，動得愈多，就會滋生出愈多的能量供你燃燒。

挑戰

加快心跳

所需時間：15分鐘

所需精力／專注力：7/10

價值：7/10

樂趣：9/10

你會從中得到什麼：你將體會到運動對神經系統的絕妙好處，包括更充沛的精力、專注力、耐心、抗壓性與記憶力，並且能緩解壓力和疲勞。運動值得你投注時間。

本章我給你的挑戰是：明天花十五分鐘提高你的心跳速率，無論是走路、慢跑、上太空漫步機划步，或是其他的有氧運動；總之，你要讓心跳變得比平常還快。（如果你覺得十五分鐘的鍛鍊讓你非常抗拒，不妨縮短到一個你不再抗拒的時間。）

這個挑戰特別為平時體能活動量很少，或是曾經運動但無法堅持的人所設計。如果你已經有了固定運動的習慣，我希望你試著增加一點挑戰，在現有的運動型態上做一點小小的改進。

要想讓行為改變長期堅持下去，關鍵在於所做的改變要夠小，小到不足以在你最初動力消退後令你卻步。這一點在運動習慣的養成上尤為重要：當硬幣翻轉到另一面、動力變成拖延之後，運動就可能變成一隻嚇人的怪獸。對許多人來說，運動很無聊、提不起勁、困難、不明確，而且毫無條理；怪不得他們會想要拖延不去運動。這也是為什麼從小改變著手（再持續遞增）是培養運動習慣的關鍵；因為唯有一點一滴的進步，才能讓你保有源源不絕的動力。

在做完這項挑戰後，問自己：我有什麼感覺？我的頭腦是否變得更清楚？我是否有更多的精力？我是否感覺壓力減輕？不再那麼疲勞？

當你發覺運動對頭腦有巨大影響後，我認為你一定會想繼續做下去，並努力把運動變成習慣。總之，運動值得你投注時間和意志力；一旦養成運動習慣，它將回報你更充沛的精力與專注力。

第25章

睡出生產力

重點帶著走：雖然減少睡眠可以挪出更多時間，但一旦睡眠不足，無法讓身體得到應有的休息，反而會造成生產力下降，得不償失。要知道，每少睡一個小時，就會損失至少兩小時的生產力；因此，千萬不要小看睡眠不足所伴隨的影響。

預計閱讀時間：10分50秒

末日近了

信不信由你，當今世界正流行一場殭屍黑死病。如果你探出窗外，會看到路上有一大堆活殭屍：他們無法集中注意力、記不住東西、危險駕駛、成天精疲力竭、精神恍惚；他們一天到晚以「自動駕駛」模式行事，心不在焉。這樣的現象日益猖獗，嚴重到「美國疾病控制與預防中心」(Centers for Disease Control and Prevention）不得不把它歸類成一種「流行病」。這些殭屍大軍甚至每年引發8萬起交通事故，而且就發生在你我的眼皮底下。

更甚者，你可能就是殭屍大軍的一員。

不過，這些殭屍不像電影裡演的那樣，他們並不渴望吃人肉、喝人血。這些殭屍迫切渴望的是他們更珍視的東西：睡眠。

在全美，大約有一半的人目前過著睡眠不足的日子，只是每個人的程度輕重不一。據蓋洛普的調查，40％的美國人每晚睡眠時間少於專家建議的七至九小時。「美國疾病控制與預防中心」已經將睡眠不足歸類成「公共衛生疫情」（public health epidemic），因為由睡眠不足所引發的健康和表現問題實在太嚴重了。睡眠不足害這些殭屍付出高昂的代價——當你看清睡眠與生產力之間的關聯後，你就會知道為什麼了。

雖然營養和運動跟生產力之間的關聯頗為複雜，但睡眠與生產力之間的關聯倒是簡單多了。睡眠是拿你的時間兌換精力的一種方式：你睡得愈多（至少要睡足七到九個小時的建議量），隔天你的精力就愈旺盛。這樣的兌換匯率實在太划算了！

我可能不太需要深究睡眠不足之所以影響表現的科學依據，我想你本身在生活中極可能就已經有了第一手的深刻體驗。睡眠不足，或是睡眠品質不良，都會導致你更常犯錯。它會影響你的心情、專注力，以及解決問題、學習和記憶的能力。它還會損害你的注意力、工作記憶，以及數學推理能力。本章之所以歸類在專注力這一部裡，正是因為睡眠與專注力息息相關；千萬不可小看睡眠不足所伴隨的損失。

此外，睡眠不足還會加速精力崩潰的惡性循環（詳情請參見水和咖啡那一章）。當你缺乏睡眠，工作效率就會變低、精力也會不足。因此，你得花更長時間工作，進而壓縮到當天晚上的睡眠時間。若再加上不當飲食和缺乏運動，那麼你的能量水準（還有生產力）很快就會落入嚴重的惡性循環。

在生產力計畫期間，我想出一個簡單的睡眠準則並奉為圭臬：我每少睡一個小時，就會損失兩個小時的生產力。其實，這項準則並沒有任何科學依據（以我的經驗，睡眠不足的負面影響可能比我推算的還要大），但就偽科學的標準來看，我自認為這個準則還算不錯。雖說每個人的生理結構都不同、所需的睡眠時間不同、對於睡眠不足的反應不同、在遭遇睡眠不足時的提神方式也不同；但根據我的觀察，生產力損失兩小時的推算甚至過於保守。

五點半起床

一年計畫裡，我打著徹底鑽研生產力的旗號，做了一大堆實驗把自己整得慘兮兮，但事後回想起來還挺好玩的。這當中有幾個特別有趣的實驗，像是當一整個星期的邋遢鬼、看七十小時TED演講，以及每天下午長達三小時的午睡。不過，也有許多實驗讓我吃足苦頭，整個過程簡直是度日如年。

憋了25章之後，如今我終於可以一吐為快，談談我最討厭的一個實驗：每天早上五點半起床。

一年計畫開始之初，我便打算每天早上五點半醒來。我一心只想把這個習慣硬塞進固有的生活裡，完全沒有想清楚自己在做什麼。對於一名新手來說，我絲毫沒有計畫該怎麼達成這項改變。我其實應該逐步改進，並同時將睡覺前和起床後的眾多舊習漸進調整好；然而我卻沒那麼做，我只是用盡所有的意志力，努力在生活裡瞬間做出巨大的改變。結果，我把自己搞得灰頭土臉。

況且，我並未獎勵自己早起、沒有為早起界定任何提示，也沒能設法克服我對這項改變的抗拒心；這三件新習慣養成前必做的功課我一樣都沒做到。而且，最重要的因素可能是因為，我絲毫沒有用心投入這項改變。正因為如此，我失敗了，而且是一次又一次地失敗。我甚至在計畫開始一個月後，寫了一篇名為〈到目前為止，我大多時候都沒能在五點半起床〉的文章，裡頭詳細記錄我每天早上天人交戰的過程，當時的情況實在很不樂觀。

不過，接下來我後退了一步，投入更多心思在這項儀式上，並研擬出一個計畫，設法讓它順利融入我的生活。

連我自己聽了都覺得不可思議的是：我一開始居然沒有先做功課，沒有事先閱讀相關文章或研究，看要如何將新習慣融入我的生活，或是研擬解決方案讓改變更順利達成。當時我只是強迫自己每天早上在五點半醒來，但這往往意味著我得犧牲一個小時以上的睡眠時間，進而嚴重影響我接下來一整天的生產力。許多時候，我若不先打個盹，我甚至撐不到中午。於是，大多數的早晨我得面臨一個艱難的選擇：是要睡懶覺、讓實驗失敗？還是起床、但一整天沒有足夠的精力和專注力？我經常選擇後者，因而使得實驗很難長期堅持下去。當你在養成習慣的過程中一再懲罰你的大腦，你就很難在大腦裡形成新的習慣通路。

這項實驗約莫過了一個月後，我實在受夠了一再的失敗。就在此時，我終於願意後退一步，反省自己哪裡做錯了。

循序漸進的小改變——又來了

當我退後一步、設法研擬一個能將這個習慣融入生活的計畫時，我意識到一件事，那就是幾點起床完全不是重點。重點在於我應該幾點上床睡覺，這正是我必須一點一滴慢慢做出的改變。

要怎樣才能獲得充足的睡眠呢？首先你必須牢記一個重點：要獲取足夠的睡眠，關鍵不在於賴床多睡一點。能夠自由決定起床時間的好命人畢竟不多，再說不是人人都像大老闆那樣，可以隨心所欲掌控自己的行程。換句話說，多數人都得依固定的時間到公司上班，所以無法掌控自己起床的時間；但至少我們還是可以掌控自己上床的時間。總之，要想獲得充足的睡眠，在適當的時間上床睡覺才是關鍵。

為了讓早起的習慣融入生活，我又花了兩個月的時間調整晚上的作息；但當我發現這樣還是行不通時，我又研擬了一個更完善的計畫，針對每天早起的習慣做出一系列小小的改變，試圖鞏固這項行為。撇開我並非天生早鳥族的事實不說，無論你習慣何時起床，這些小改變對你都有幫助，因為它們的重點都在於，選擇適當的時間上床睡覺。以下是我整理出比較有效的微小改變：

- **建立一套睡前儀式。**如果你的目標就寢時間跟我一樣訂在晚上九點，到了八點四十五分你若還在忙某件事情的話，你很難逼自己暫停下來為就寢做準備。因此，建立一套睡前儀式是讓你事先做好規畫與心理準備，以迎接一夜的好眠。我建議你先選擇好一個特定的就寢時間，然後再回推何時要開始進行睡前儀式，慢慢淡出這一天。你不妨在這當中添加一些樂趣：這套睡前儀式應該要依你個人喜好量身訂做，令你放鬆、且深具意義，好讓你輕鬆結束這一天，為明天養精蓄銳。像我在睡前儀式裡，就加入了冥想、反省等元素。

- **減少暴露在藍光前的時間。**信不信由你（我發現要你相信很難）：睡覺前暴露在藍光前的時間愈長，你的睡眠品質就愈糟。經證實，具有藍色波長的光會抑制體內與大腦內褪黑激素（melatonin）的分泌——它是能幫助我們睡眠的一種化學物質。為瞭解決這個問題，我建議進行電子設備關機的睡前儀式，在睡覺前兩到三個小時就關掉你的電子設備（這也有助於你關掉自動駕駛模式，開始放慢腳步）。我還配了一副抗藍光的太陽眼鏡，當我不得已要在深夜使用電子設備時，我一定會戴上它。我驚訝地發現，有沒有戴抗藍光眼鏡，對睡眠品質有很大的差別。這一點也已經得到科學的證實：一項研究發現，睡前戴抗藍光眼鏡看電子設備的受測者，早上醒來時的精神比沒戴的人還要好50%、快樂的程度高出40%！你也可以在電腦裡下載一個名為f.lux的App（justgetflux.com），它能改變你電腦螢幕的顏色，減少藍光對你的影響。一開始你可能會看得很不習慣，但你的睡眠品質會大大提升。此外，研究證實，白天多暴露在自然光下，也有助於睡眠，同時還會提高生產力。另一項研究發現，電話客服中心裡坐在窗戶旁邊的員工，接聽電話的速率比其他人還要快12%！
- **偶爾打個小盹沒關係！**在我做過的實驗裡，數一數二有趣的，要算是為期三個星期、每天三小時的西班牙式午睡（譯注：西班牙官方明定的午休時間為下午二點至五點）

——雖然對我來說它的樂趣遠大於成效。這三小時內，我會先停下工作打個小盹、吃點東西、跟朋友閒聊，到了傍晚再繼續工作。出乎意料的是，我不僅體悟到休息的重要性（我會在下一章詳述），我還發現午睡對生產力有著極大的好處。午睡跟正常的睡眠一樣，已經被證實可以提高你專注力、正確率、創造性、決策力，最終提高工作效率。把走去咖啡廳再走回來的時間省下來午睡，可以得到同樣的能量提升，卻不必擔心喝完咖啡後的精力崩潰。雖然在辦公室打盹有一點奇怪（不過，我以前有些同事就會這麼做），但假如我重回傳統職場工作的話，只要我隨時需要提振精神，我肯定會盡可能把握機會把眼睛閉上。如果你有想睡就睡的自由，不妨在工作中睡個午覺，它能有效幫助你快速補充大量的精力及生產力。

- **睡前八到十四小時不再飲用咖啡因。**再次提醒你，咖啡因大約需要八到十四小時始能排出體外；如果你不及時停止飲用咖啡因，它會嚴重損害你的睡眠品質，以及隔天的生產力。
- **把你的臥室想像成一個山洞。**美國睡眠醫學會（American Academy of Sleep Medicine）建議，「把臥室想像成一座山洞：涼爽、安靜、黑暗。」但最重要的一點，臥室裡必須「溫度適中」，不會太冷或太熱；換句話說，你的身體「不必因為太冷而設法產生熱能（發抖），或是太熱而必須散發熱能（排汗）。」

我比大多數人更珍惜我的時間，但我絕不會為此犧牲睡眠。打從我的早起實驗以來，我也從未這麼做過。要知道，犧牲睡眠以獲取更多的時間工作，只會付出更多的生產力成本，太不值得了。況且，你甚至不會有淨生產力，因為當睡眠不足時，你得花更長時間工作；而且你的精力和專注力會變低，可能會犯下更多的錯誤、需要花更多的時間來補救。當你縮減睡覺的時間，損失的時間總是多於獲取的時間。

幾點醒來並不重要

在我的計畫期間，我偶然讀到一些「生產力大師」撰寫的文章，大力鼓吹早起對生產力的各種好處。但事實上，這一點都不正確。研究證實，你幾點鐘醒來對你毫無影響：它對你的社經地位、認知表現或健康完全沒有影響。與你的生產力真正有關聯的，是你醒來後的這段時間裡做了什麼，以及你醒來前是否得到充足的睡眠，這兩點才是決定生產力的關鍵。

經回想後，我才意識到，早起只是一個以訛傳訛的生產力迷思，這項建議根本是個天大的錯誤。我的意思倒不是說早起對你沒有幫助——事實上可能有，畢竟每個人的生理構造不同。如果你跟家人同住，早起能讓你在其他人起床前有一段安靜的獨處時光做規畫；或者你天生就是個早起的人，早起的儀式可能很適合你。但對許多人而言，早起的儀式不見得合適。總之，理想的起床時間並沒有一定，重點在於找到最適合自己的時間就行了。

精力

許多人發現，待辦清單上的事情永遠都沒時間做完。他們只好犧牲其他事情，而精力正是他們首批犧牲的東西之一。為了騰出時間做更多的事情，他們開始訂更多的外賣、狂喝咖啡因飲品、減少運動，或是工作到很晚、不得已犧牲睡眠。他們做出這些短暫的犧牲，用來換取生產力的短暫提升；但長期來看，他們的生產力卻下降了。我也曾多次掉入這類陷阱，其中有些甚至是在我計畫期間發生的。

照理說，我如此看重時間和生產力，要是我在書中提到的方法沒有幫助，我早就棄之不用了。只是這些方法很難做到，需要你花費寶貴的時間和意志力遠離某些事物。但若你能夠堅持下去，它們終究會開花結果。

當你吃得健康時，大腦就會有足夠的葡萄糖，使你在工作時有更多的精力和專注力。當你謹慎飲用含咖啡因、酒精和糖份飲料時（或完全不喝），你的精力水準就不會成天大起大落，生產力就能保持穩定。當你運動量變大，你就會有更多的精力和專注力做好工作，而且感覺壓力變小。當你得到充足的睡眠，你就能更有效率地工作，不再覺得自己成天像個殭屍一樣。總之，睡眠是拿時間換取精力最好、而且最簡單的方法之一。

挑戰

睡個好覺

所需時間：5分鐘

所需精力／專注力：7/10

價值：9/10

樂趣：9/10

你會從中得到什麼：你會省下時間，因為你工作時能有更多的精力（而非時間），進而讓你更有效率地工作。此外，你還會感到頭腦更加清晰、注意力更集中、短期記憶變好、解決問題的能力變強，並且較少犯錯。

本章給你的挑戰，是讓你檢視自己每晚有沒有獲取足夠的睡眠；如果沒有的話，就制定計畫來改善這個問題。有個好辦法可以幫助你檢視：週末時，你是否常感覺需要補眠。如果是的話，表示你週間工作時沒有得到足夠的睡眠，這樣一來，你有必要建立一個睡前儀式，睡前花一點時間培養情緒，進而天天一夜好眠。

相較其他各章，本章的挑戰很小，但伴隨睡眠不足而付出的生產力成本可是非常大的。

如果你需要建立一個新的睡前儀式，首先訂好一個非常具體、必須躺平的目標時間，然後回推你所需的睡前儀式時間，就從那個時間點開始你的儀式。另外，還有幾件事你必須留意：別讓自己長時間暴露在不自然的藍光面前、睡前十小時內不再飲用咖啡因，以及睡眠的環境要盡量保持涼爽和舒適。

雖然縮減睡眠可以為你省下時間，但你因為剝奪身體所需的休息時間，將導致巨大的生產力成本，令你得不償失。請牢記：每少睡一個小時，就會損失至少兩小時的生產力。

| 8 |

臨門一腳

第26章

最重要的一步

預計閱讀時間：21分59秒

放輕鬆

在一年計畫期間，我發現每當我必須督促自己做更多事情時，總會出現一種奇怪的現象：我會對自己非常嚴厲，不然很難逼自己變得更有生產力。

坦白說，這是追求生產力過程中不可避免的問題。當事情做不好時（像我就會），便會對自己非常嚴厲，到頭來反而比剛開始時更不快樂。我們大多數人追求生產力是為了提升幸福感，但過程中我們往往背道而弛，違背剛開始追求生產力的初衷。

提高生產力的確是值得追求的目標，但人生苦短，沒必要在追求生產力的過程裡對自己太苛刻。

所幸，值得欣慰的是：研究指出，生產力和幸福是同步的。事實上，你愈快樂，你就會變得愈有生產力。據《哈佛最受歡迎的快樂工作學》（*The Happiness Advantage*）作者暨專門研究幸福的心理學家尚恩．艾科爾表示：「當你的大腦比較快樂時，它的表現明顯優於處於平淡、負面或壓力狀況下的大腦。此時，你會更聰明、更有創造力，而且精力更加充沛。」事實上，據他的研究發現，較快樂的人比其他人高出31％的生產力，多出37％的銷售業績，擁有更好且更穩定的工作，而且工作表現更好、抗壓性更高，也比較少出現職業倦怠。

他的研究裡指出了一個重要的觀念：追求幸福、善待自己，對你的生產力有著巨大的影響。

截至目前為止，我已經盡我所能，教你在追求生產力的過程中、同時也能善待自己的方法。事實上，本書提供的許多方法本身就能讓你在完成更多工作的當下，同時善待自己。譬如說，當你所設定的每日及每週目標實際可行且不難做到時，你就有更多動力去完成；當你順應大腦的運行方式，你就能更輕鬆克服拖延、不再浪費時間；當你做決定時考量到未來的自己，你就不會再給未來自己過多的負擔、讓他多到無法處理；當你清出更多注意力空間思考時，你就能讓自己思緒更清晰，感覺壓力變小。總之，循序漸進做出些微改變、時時獎勵自己、找出最低的抗拒點、抱持正念工作，以及培養專注力和精力水準，這些全都是幫助你在追求生產力過程裡放輕鬆、進而樂在其中的好方法。

計畫期間，我發現一些有趣的方法，得以讓自己在追求生產力的同時，也能樂在其中——尤其在我怪罪自己沒達成預定目標時，我會用這些方法令自己放輕鬆。但奇怪的是，當你對自己好時，你可能會感到生產力變低，甚或跟我一樣，會有罪惡感。但整體來說，善待自己能讓你完成更多的事，因為你能維持最初的動力。

我想用這些有趣的方法為前面25章劃下完美的句點；再說，我也想不出比這更好的方式來總結這本書。總之，如果你想要提高生產力，一定要善待自己。在此，我整理出追求生產力過程中善待自己的九大理想方法，如下：

一、更常休息

照理說，你應該要比現在更常休息：包括一天當中的休息，以及工作的休假。我之所以把它列在第一點，原因很簡單，因為它是這九點當中最重要的：休息太少的話，絕對會重挫生產力。計畫期間裡，我休息得愈多，就擁有愈多的精力和專注力，也就愈少感到疲勞。休息的好處無限多，而且個個都很棒：休息有助於你更富正念且更用心地工作、萌生更多創意、轉換到天馬行空的思維模式、反思你的工作、看清自己所做工作的背後意義，最終讓你變得更有生產力。一項研究指出，要提高生產力，最理想的休息時間是每工作五十二分鐘，就休息十七分鐘。雖然我並不全然認同這個數據——畢竟每個人的生理結構不盡相同，但我認同它背後的理念。總之，你應該要比現在更常休息。

一項由多倫多大學針對休息與生產力關聯所做的研究發現，當我們感覺精力不足時，是因為我們大腦的生理能量不夠用。據該研究的共同主持人約翰．楚格寇（John Trougakos）表示：

> 關於一些理想的休息方式，不妨翻到第17章，我在該章列出許多減壓的活動。當你利用這些活動遠離生產力行為時，它們能夠幫助你充電、減壓，並樂趣十足。

「所有控制我們行為、表現和專注的能力，都來自大腦裡的生理能量庫。一旦能量庫枯竭，無論做什麼事都不再那麼有效率。」總之，三不五時放下手邊的工作徹底休息一下，或是休個假，將有助於你重新蓄滿能量庫。以我為例，我每小時至少休息十五分鐘；因為我發現如果不這麼做的話，我的精力和專注力就會顯著下降。

二、回想三件值得感恩的事情

在尚恩·艾科爾的研究裡，他發現一些讓你我得以訓練大腦更快樂思考的方法。除了冥想和運動外（尚恩大力推崇這兩個方法），我最喜歡的另外兩個方法則是每天結束時，回想三件值得感恩的事情，以及記錄一則正面的經驗。尚恩告訴我，每天回想三件值得感恩的事情，效果非常地大，因為「當你有意識掃描查找大腦裡的正向事情，你的大腦會愈來愈習慣這麼做，而且大腦也會逐漸養成無意識掃描查找世間美好事物的習慣。」這麼做之所以如此有效，關鍵不在於感恩本身，而在於「掃描查找生活中的正向事情」。因此，我每天晚上都會寫下當天最值得感恩的三件事情（即便那天過得很糟也是一樣）；若是當天找不出三件事感恩，我則會回想以前令我感激的三件事情。這麼做只需要一、兩分鐘的時間，但我發現效果非常巨大。

三、記下你遇到的某個正向經驗

尚恩認為，從神經學的角度來說，當你每天記錄一個當天遭遇到的正向體驗時（如果你沒有寫日記的習慣，用口述的也行），「你的大腦會把它刻劃成一個有意義的經驗。」隨著你每天回想當天最正面、最有意義的部分，假以時日，將有助於你訓練自己大腦更快樂地思考。誠如尚恩所說，最重要的或許是「因為大腦無法分辨觀想與實際經驗的區別，因此你在回想時，等於讓最有意義的經歷重複發生。日積月累下來，你的大腦便將這些點連接起來，形成一條軌跡，讓你相信自己的人生深具意義。」為了形成持久的長期影響，尚恩建議利用幾週的時間密集天天做，以訓練大腦養成更快樂思考的習慣。

四、大任務拆解成小任務

電玩遊戲之所以比工作帶給我們更多的報酬，是有原因的：電玩遊戲總是提供我們快速且連續的里程碑、目標和獎勵；相較之下，多數的工作太不明確，也不夠有條理。

因此，為較大的任務設立子目標、多花點時間規畫讓它變得更有條理，並安排流暢的待辦清單得以讓你一氣呵成；這樣一來，你的任務就會更有條理、更多報酬，而且更具吸引力。而且，研究證實，這麼做還更容易促發「心流」的狀態，讓你在這樣的狀態中全神貫注地工作，彷彿時間不復存在。

五、尋求自己的意見

當我碰到難題、無法更有效率工作時，我最喜歡的方式之一就是尋求自己的意見。我重視朋友和家人給我的意見，但我同時一定也會問自己的意見。當你下次碰到難題，四處找人幫忙時，不妨也試著依靠自己。想像一下：假設別人碰到與你相同的難題，你會給出什麼建議？（當你碰到討厭的任務、抗拒不想做時，這個方法也能派上用場，它能有效引燃大腦前額葉皮質。）

六、獎勵自己

這整本書我都在談獎勵自己，但正因為它如此重要，才有必要再次提出來討論。獎勵的方式形形色色，它可以是長時間運動後允許自己上臉書十五分鐘；可以是一整天沒咬指甲就轉存1加幣到某個特定帳戶；也可以是完成某項龐大工作計畫後請自己吃的一頓高級牛排晚餐。總之，獎勵自己非常有效；它不僅有助於鞏固習慣，也可以為你追求生產力的過程添加一些樂趣。

七、相信自己會成長

根據史丹佛大學心理學家暨《心態致勝》（*Mindset*）作者卡蘿・杜維克（Carol Dweck）所做的研究指出，成功人士與非成功人士之間的最大差距，在於他們是否覺得自己的智力和能力是固定不變的。

那些擁有成長思維模式的人相信，只要透過努力和堅持，他們就能完成更多工作。他們欣然接受障礙，視之為挑戰並設法克服，而不是將之視為跨越不了的路障。此外，他們認為精通某項技巧的唯一途徑就是付出努力。假如你認為自己的智力和能力都固定不變，那你就錯了。你必須提醒自己，相信自己一定會成長，並且相信你的智力和能力並非固定不變，如此一來，你就能不斷挑戰自己，讓自己變得更有生產力。

八、建立一份成就清單

在過去幾年間，我始終保有一份「成就清單」；每逢「維修日」，我一定會重新檢視，並添加新的成就。這張表很簡單，不需要花很長時間檢視，但它能讓我每個星期從工作和生活裡退後一步、讚許一下自己，並清楚看到自己因為生產力提升而獲致的成就。

在建立這份清單之前，我雖然努力提高生產力，卻從未真正花時間反省自己完成哪些事情。當我開始在每個週末檢視這張清單後，它得以推我一把，順利進入下個星期，並激勵我完成更多工作。尤其當我在進行長期計畫、成效無法立竿見影時，更是需要這麼做。

九、看動物寶寶的可愛圖片

看可愛動物寶寶不僅可以讓你連聲大呼「卡哇伊」，還能夠提升你的認知與運動表現。一項研究分析受測者在觀看可愛動物寶寶圖片時，認知和運動表現上的變化（他們也看了其他可愛圖片，但沒有達到相同的效果）。研究人員發現，可愛動物寶寶對受測者專注力的掌控能力有正面的影響，而且「觀看可愛事物有助於改善隨後的工作表現——特別是需要全神貫注的工作，這可能是因為專注力變集中的結果。」這個方法或許有點無厘頭，但不可否認地，它還挺好玩的。

骨折

我向來非常喜歡從工作中休個假，藉以提升生產力。在休假時，我可以任由思緒天馬行空；讓自己放鬆；任隨想法和點子浮現出來；並賦予大腦空間，得以將手邊散亂的點子連接起來，再進一步深入思考。

在我開始寫這本書的三個月後，我的進度已經超前，於是我決定犒賞自己，去度假一星期讓腦袋放空。我買到飛往愛爾蘭都柏林的便宜機票，二話不說就走了。為期一週的假期裡，我選擇待在霍斯（Howth），它是都柏林郊區的一個漁村小鎮，人口大約只有八千人。白天時，我多半會走出Airbnb租屋處到海邊逛逛，隨身只攜帶一本記事本，不會帶著手機或筆記型電腦。我總是任由思緒天馬行空，捕捉有趣的想法寫下來，或是把記事本裡的想法連接起來。當時正值2月，晚上還滿冷的，但即使是在愛爾蘭的「冬天」，白天我還是覺得超級溫暖的。（都柏林2月份的平均高溫幾乎都在攝氏5度，跟同是2月的渥太華相比，這裡要暖和個15到20度。）

然而，假期才過不到兩天，我就從天堂跌入了地獄。

那天晚上剛過半夜，我從朋友住處走路回家時，在一個光滑陡峭的鵝卵石坡道上滑倒了。這一摔看似沒事，但當我試圖站起來時，卻發現完全無法起身。我試著將重心從右腿移到左腿，但痛到不行；即使我不久前才喝下一、兩大杯健力士啤酒，此時的我仍舊痛到無法忍受，只得再度跌回地面。我從口袋裡掏出手機，但它已經沒電了。我試著大喊救命，但我那時人在豪斯的鄉下，四周沒見到半個人影；就算附近有人家的話，應該也都睡了。當時好冷，我在那裡躺了一個小時後，便開始不自主地顫抖，我只好將身子縮成一團以保持溫暖。有好幾次我嘗試用一隻腳跳著走，但實在太痛了，我又再次癱回地面。

約莫過了三小時後，終於有人聽到我喊救命。隨後來了一輛救護車迅速把我送往醫院；此時，太陽已快要升起。我非常痛苦，一心只想馬上飛回加拿大的家，卻不能如願；因為在腳踝和腿骨都粉碎性骨折的情況下，我是不被允許搭飛機的。

令人驚訝的是，我只不過在濕滑的陡坡上摔了一跤，居然會造成這麼大的傷害。

在漫長的重建手術後，我的左腿上留下一英尺長的切口、一只鋼釘和固定夾板。我整個人累癱了，在醫院床上躺了三天。雪上加霜的是，我甚至不確定這次購買的旅遊平安險能否全額支付這次的手術費，有好一陣子我都處於未知的焦慮中。（後來確定可以理賠，好險！）

當時在醫院的我，若沒人幫忙就無法起身，即使手術過後好幾天也不行。我記得當時無助地躺在床上，任隨自己智慧型手機裡電子郵件、手機簡訊等通知愈積愈多。我沒有精力和心思應付待處理的事情，而且好幾個星期都精神不濟。我問醫生傷口要多久才會復原，他的回答令我一陣暈眩：因為這是嚴重的骨折，大約需要六個月才能完全康復，而且需要六個月的復健。在我寫下這段文字的此時，我走到哪裡都還得拄著拐杖，不能跑也不能跳。（但話說回來，這把拐杖還挺酷的呢！）

原本要在截止期限前寫完這本書（還要寫得好）就已經很難了，如今受傷之後更是難上加難，更何況我還必須復健六個月。我整個人精疲力竭，沒有多餘的精力去思考，或是處理其他攤在眼前的事情。我希望時間可以快轉六個月，屆時石膏已經拆掉、書已經出版，並且我已經回到家跟所愛的人在一塊，而不是像現在這樣，一個人被困在離家5,000公里遠的異鄉。

每天，我們每個人無時無刻不在跟自己說話，這十分正常。每個人的腦中成天都在進行內部的對話，心理學家通常稱之為「內在獨白」或「自我對話」。就算你跟某個人說話的次數再怎麼頻繁，也絕對比不上你跟自己說話的次數。

如果你已經嘗試過本書中我所列出的技巧，相信你多半會先經歷到這類自我對話。或許是當你發現自己正在拖延的時候，你會注意到自己的大腦邊緣系統正在與前額葉皮質奮戰，同時也會注意到你的自我對話變多了。前陣子，蒂姆·彼契爾跟我說：「當你拖延的時候，你的自我對話會多到爆。」或許是當你冥想的時候，你會注意到腦海中正在進行一場激烈的對話。又或許是當你正考慮該不該做本書各章末的挑戰時（特別是你最抗拒的挑戰），你會注意到一場自我對話開始啟動。

我在計畫期間也會碰到這種自我對話，而且隨著計畫的進行，這樣的對話似乎愈來愈多。但奇怪的是，它們大多是負面的——不過我並不認為自己是一個負面的人呀！在我決定謝絕其他工作機會、開始進行一年計畫後，我的內心充滿著興奮、緊張、懷疑、恐懼、焦慮……還有自我對話。當我抗拒不願閱讀某篇研究論文時，我那負面的自我對話便吵得沸沸揚揚。當我在計畫之初停掉冥想習慣，不再慢條斯理用心工作，反而加倍努力並加快工作速度時，我的自我對話也隨著我快速的工作步伐一樣喋喋不休。當我看到自己第一次的時間追蹤紀錄，發現自己一週竟拖延六小時後，我的負面自我對話更是喧鬧到不可開交。當我沒能成功將體脂降至10%，我再一次莫名苛責自己：我期望自己的體脂能在一夕之間降到標準，但現實生活中我卻總是大啖奶油雞。當我一星期只工作二十小時，我又再一次莫名怪罪自己，因為我覺得自己不夠努力，沒達到心中預期的標準。

即使在我計畫的顛峰時期（像在《紐約時報》刊登我的採訪之後，或是拿到本書的出版合約之後），我還是會莫名對自己非常嚴厲。我記得我會罵自己是「騙子」，而且患有嚴重的「冒牌者症候群」（Imposter Syndrome）。

一年計畫大約過了一半時，我偶然發現一件超級棒的事實，因此卸除我肩上沉重的負擔。那就是：負面的自我對話完完全全、絕絕對對是正常的。根據心理學家沙德．黑姆施泰特（Shad Helmstetter）的發現：「我們腦海中所想的事情裡，有77%是負面、結果很糟，並跟我們唱反調的。」另一項針對商學院學生所做的研究發現，「這些學生不自主興起的念頭裡，平均有60%至70%是負面的。」

自我對話當然是無法量化的；畢竟，你要如何分析別人的腦袋裡在想些什麼？不過，我認為這些統計數據印證一件非常重要的觀念：頭腦裡產生負面對話不只是多數人的共通點，而是人性。

你有沒有碰過一種狀況，在收到的50封電子郵件裡，有49封的內容是正面的，但有一封是負面的呢？我敢說，其他49封加在一起，都不及那一封該死的郵件留給你的印象還要深刻。這不過是我們大腦與生俱來的思維方式！當我們演化到每天必須行走8至14公里的同時，我們也演化到具備感知周遭環境威脅的能力。這就是為什麼那一封電子郵件會令你印象深刻，以及為什麼你的獨白大部分會如此負面的原因。

後來，我利用幾個月的時間，收集腦中出現的所有負面想法，其中多半似乎只是庸人自擾。以下我列出特別有趣的幾點想法：

- 我完全是外行人。
- 這我永遠都做不好。
- 我不行。
- 我知道他們一定會說不。
- 我是個騙子。
- 我說的話沒有什麼價值。
- 我不夠好。
- 沒有人跟我有一樣的感受。
- 我辦不到。
- 我什麼事都做不好。
- 我剛才為什麼要那樣說？！

- 我肯定是在場唯一聽不懂的人。
- 他們一定不會喜歡我的。
- 他們鐵定會笑我。
- 我不認為有誰像我一樣迷惘。

這些話真的很刻薄，如果我用跟自己說話的方式對待朋友，我想所有的朋友應該都被我氣跑了吧！但自從我認清這全然源自大腦與生俱來的思維模式後，我便覺得肩上的重擔消失了。

突然間，我可以開始退後一步、從旁觀察自我對話，不再深陷其中。而且，我發現自己終於敢挑戰那些負面的垃圾想法——我腦中大約有60％至77％的想法都屬於這一類。

手術之後當我慢慢回歸常軌的同時，我突然驚覺，自己可能無法在本書截稿期限前交稿。但我寫的可是一本談生產力的書呀！我難道不是「史上最有生產力的人」嗎？我怎麼可能會錯過自己著作的截稿期限呢？笑話！

在那一刻，我又回到Soylent實驗期間搭公車回家時的同樣心態，再次準備喊停認輸。我記得當時自言自語說了一句印象中從未說過的話：我放棄了。

然而，就在我興起這種想法後不久，我便笑了出來。倒不是那種發狂的笑（畢竟我只是摔斷腿，並沒有摔壞腦袋），只是低聲輕笑，就像我在冥想過程裡，思緒天馬行空冒出某個莫名想法時的反應。因為就某種程度來說，當時我的思緒的確如天馬行空亂飄，而非駐足在當下；只不過，我的頭腦順從它與生俱來的思維模式，飄往負面思維的區域。

要克服負面的自我對話實在很難，但我內心有一部分就是相信：到最後，我肯定會沒事的。

自從我的計畫開始後，起床後最先要做的幾件事之一，就是確認這一天我想要完成哪三件事情。神經路徑一旦形成就很難改變：當我躺在醫院病床上兩三天、逐漸恢復元氣和專注力後，我開始轉回「生產力模式」，一早便確認自己當天想要完成哪三件簡單的事情。

其實，追求生產力的過程，往往也是認清自我極限的過程。手術過後第一天，我只計畫拄著酷炫的金屬助行器，在病房內走個幾圈。當我走完坐下來時，我感到非常興奮：即便我當時的身體和精神都受到很大的限制，我還是達成預定的目標。剛開始的頭幾天，我只規畫一、兩項簡單的目標，像是讀一本書；寫一、兩封重要的電子郵件；跟我的助手討論事情；或是與家鄉的朋友和親人聯繫。每一天，我會檢視自己有多少的時間、專注力和精力，再相應調整我的計畫，大多數的日子裡我都能達成預定的目標。

在那之前，我已經奠定好還算穩固的生產力基礎，讓我得以重新站起來回到常軌（不過我暫時還不能用左腿支撐身體，真正站起來至少要等兩、三個月）。我已經知道此時此刻哪些工作對我最為重要，所以每當我難以集中注意力時，它們會如明燈一般指引我。我已經養成每天與每週列出三件待完成的重要事情的習慣，而且由於我之前非常努力工作，使得進度超前，這讓未來的我輕鬆許多。我也已經簡化我的工作，將許多最低回報的任務交由助手處理，所以我可以專注在真正重要的事情上，不必成天在不重要的事情裡載浮載沉。此外，我已經不再將待辦清單儲存在自己腦海裡，而是記到紙上和電子設備上，所以當我的頭腦空間變少時，我一點都不受影響。再說，我已經建立許多良好的習慣，像是脫離網路、馴服周遭的干擾源、一次只做一件事、吃得健康、睡得飽等等，它們個個都助我一臂之力，讓我得以善用有限的精力。

我還會利用時間冥想，哪怕每天只做幾分鐘。冥想無法改變我正在經歷的現況，但它可以徹底改變我看待自身經歷的角度。它讓我看到這件事好的一面，並讓我調適得更好。才不過短短一、兩天（尤其我每天晚上都仍持續進行感恩的儀式），我的內心便充滿感激：雖然我所愛的人遠在千里之外，我仍然可以每天與他們通話；我感恩自己的醫療費可以獲得保險理賠；我也感恩這次的受傷經歷，或許有一天我能夠把它寫成一篇有趣的故事。

你現在會讀到這本書，是因為我先前已奠定好生產力的基礎。有趣的是，這本書是我眾多生產力研究集結而成的產物。

在我摔斷腳踝三個半月後，我把這本書的草稿寄給我的編輯。此時的我還沒有完全恢復——還得再等幾個月，但我已經寫完這本書了，而且準時交出。

其實，這麼說並不正確。正確的說法是：我提早六個星期交稿。

與世隔絕十天

一年生產力計畫期間裡，我最常被問到的一個問題就是：哪個生產力實驗讓我學到最多？剛開始有人這麼問我時，我通常不知道該怎麼回答，但後來我終於有了清楚的答案：讓我學到最多的生產力實驗就是「完全與外界隔絕十天」。

我大多數實驗的背後意圖，是想挑出工作或生活裡的某一個特定元素，花一段時間密集關注，看這麼做會如何影響我的日常表現，好釐清對我的生產力是幫助，還是阻礙。像在冥想三十五小時的實驗裡，我得以退後一步觀察冥想與生產力之間的關聯。在只能使用一小時智慧型手機的實驗裡，我得以探索科技與網路的影響。而在只能吃代餐的實驗裡，則是讓我想到食物的好處。

當我決定要完全與世隔絕十天時，我的意圖是觀察別人如何影響我的生產力（以比較極端的方式，因為我待在一個沒有窗戶、照不到陽光的房間裡）。我們有時會把別人視為理所當然，或是明明不合適卻繼續在一起：我們往往沒給自己空間，從彼此的關係中後退一步；或是沒有花時間去思索別人給我們的人生究竟帶來多大意義。

在計畫進行到一半時，我遇到一個障礙：我和女友精打細算我們的財務收支狀況後，發現現有的預算無法支撐到計畫結束。我至少得找份兼職的工作，或是向銀行貸款才有辦法完成一年計畫。（我的網站上並沒有廣告或贊助，因為我設立網站的目的不是為了賺錢。）

雖然生產力計畫的想法只是以網站的形態公開呈現，但「最有生產力的一年」對我來說始終不僅僅是個部落格。這項為期一年的計畫，是為了探索每一件我深感好奇的事物，並且盡我所能將之串聯起來（無論是透過實驗、深入研究，還是與專家對談），然後分享我所學到的一切，進而幫助他人。

所以，當意識到財力不夠時，我們想到另一種選項（寫出來還滿丟臉的）：我們兩人都搬回家，一起搬進她爸爸的房子。我們搬出來自己住都已經六年了，一想到我跟雅汀要搬去跟她爸爸同住，即使只住到計畫結束，感覺就像倒退了一千步（特別是對我而言，畢竟我為了這個計畫推掉兩個高薪的工作）。當時，我負面的自我對話簡直已經直衝雲霄。不過，冷靜想想之後，我們內心都有一部分認為這是正確的決定。（值得一提的是，雅汀其實不必搬回家，她有足夠的銀行存款；她搬回來只是為了陪我。）

我們一搬進去後，我就立刻決定加碼我的計畫。要做就要把事情做好，否則就別做，不是嗎？我相信現在所做的犧牲一定會值回票價的。

過了短短幾個星期後，我就決定進行十天與世隔絕的實驗，並思索我人生中與他人的關係。

當我從各種人際關係（與家人、朋友、女朋友、甚至路上陌生人的關係）中後退一步時，我很快就瞭解到其他人對生產力有多麼的重要。如果沒有身邊的這些人，我肯定不太會有把事情做好的動力。研究也支持我這樣的說法：有兩項研究指出，更深厚的辦公室友誼會提高大約50％的工作滿意度，而且如果最好的朋友也在同一個地方工作，你對工作的投入會比一般人多出大約七倍。當我問尚恩在研究中最有趣的發現是什麼時，他是這麼說的：「預測幸福能否長久的最大指標是社交關係。……社交關係還能準確預測出一個人肥胖、罹患高血壓或抽菸會維持多長時間。」這裡當然只是指不良的社交關係。更深厚的友誼和人際關係能帶給我們動力，激勵我們完成更多的工作，而且還能讓我們更幸福。

然而，更重要的是，在職場以外，人際關係也能帶給我們目標和意義。我在整個計畫裡學到一個最深刻，而且是突然間明白的道理，那就是：沒有了人，生產力也就沒有意義了。

雖然住在地下室很可怕，但我很快就意識到自己住在這裡有多麼幸運，得以用奇怪的方式探索自己熱愛的東西。才搬進來短短幾天後，我內心便充滿感激，感謝所有幫助我住進這裡的人。如果沒有我女友和她爸爸的話，我就沒辦法繼續我的計畫，就得屈就某個對我毫無意義的工作。如果沒有關注我的支持者，我寫出的文字幫助不了任何人。如果沒有愛我的家人，我工作時就不會像現在這麼有自信。如果沒有關心我的朋友，我剛開始計畫時，就不會有一個支持群組不斷給我打氣。由於有我身邊這些支持我、幫助我、相信我，以及關愛我的人，才給了我動力、給了我目標。我很快就意識到，身邊的人不光是我計畫存在的理由，而且是我計畫存在的目的。是這些人給了我努力的意義，而且我至今所做的每一份工作，這些人也賦予了它們意義。

正因為身邊的人，我們才會做現在做的事情，他們也是推動我們完成更多成就的關鍵。與其他人維持良好的社交關係，已被證實能讓我們更幸福、更投入工作，並且想要提高生產力。

總而言之，人是追求生產力的背後原因。

生產力和幸福

幸福和生產力密不可分。但吊詭的是，追求生產力其實意味著（至少在某種程度上）：你並不十分滿意你的現狀。對我來說，這也是我深感矛盾的地方，迫使我不只一次後退一步，去思索生產力是否值得我付出努力追求。

一方面，我內在的佛教思想認為，幸福就是欣然接受所有的變化。但另一方面，我奮發向上的內在卻始終不安於現狀，而且無論是為了什麼，總想要完成更多成就。

不過，我後來漸漸明白，永不滿足於現狀其實是一件很好的事情；只要我在追求更多成就的過程裡，能不斷用各種方式持續滋養我的幸福。

人類之所以能存活並進化數百萬年至今，是因為我們這個物種從未真正滿足於現狀。我們始終想要建構更偉大的發明、建築物、想法和活動。數百萬年來，我們始終積極想要超越自己和別人，這是一件好事；正因為如此，你今天才會讀到這段話。如果沒有印刷術，我就不可能傳播這些想法，而你們也就無從讀到我寫的這本書。如果沒有網際網路，我的部落格就不可能突破數百萬人次。如果沒有語言，我就無法描述出我連接起來的零星點，也無法講述過去十年間我整理出的心得。如果你沒有想要變得更好的欲望，你就不會拿起這本書。雖然從未真正滿足現狀也會導致不當的後果（例如速食餐廳的餐點總是一個比一個大），但我認為它的好處遠遠多出一百倍。正因為這樣的不安分，我們才會有今日的發展。

在我的計畫期間，我發現追求生產力時的最佳態度值得令人玩味：一方面要永不滿足現狀，另一方面則要不斷尋找滋養幸福的方法。幸運的是，生產力一旦做得對，不僅能成為幸福的關鍵之一，也能讓幸福反過來成為生產力的關鍵之一。

總而言之，在追求生產力的過程中，你愈是善待自己，就有愈多的生產力。

後記

一年後

預計閱讀時間：2分14秒

每當我看到烹飪節目找來像戈登・拉姆齊（Gordon Ramsay）這樣的名廚，協助某間經營不善的餐廳改造環境和菜單時，我總希望他們能在播出後一、兩年內再度回訪同一間餐廳，不然我會有些失望。

若看到那種會回訪的烹飪節目，改造後的成敗通常是各占一半。大概有一半的餐廳生意變得興隆，有一半的餐廳要不恢復到原本的經營方式，要不就是倒閉。雖然這類改造節目總是很精彩，但改造效果通常持續不了多久。

我為期一年的實驗計畫於2014年5月1日結束，而在我寫這些文字的此時正值2015年5月20日，離計畫結束時差不多一年左右。如果我讀這樣的一本書，我會跟看完上述烹飪節目後問一樣的問題：他的改變是否維持？還是說這位生產力達人又回到他以前的工作方式？

答案很簡單：是的，改變仍然維持；而且每一個都是。

我最喜歡自己一年生產力計畫的部分，是我把所有讀到的東西實際運用在自己身上，進而篩選出有用的方法。坦白說，在我試過的速效捷徑和生產力妙方當中，有一半沒有效（你大概能猜到為什麼），因此沒有寫進這本書裡。幾乎每個人每天都想要完成更多工作，以騰出更多時間給有意義且高影響力的事情。立即見效的生產力妙方的確很吸引人，但它們就像一時流行的速效減肥餐。雖然最初幾個星期可能會因減去水份而掉個幾公斤，但長遠來說還是無法真正瘦下來。快沒有用，改變需要長期耕耘。

雖說本書中某些方法還滿簡單的，但大多數的生產力方法沒那麼簡單，需要花費更多的時間、專注力和精力，可是卻對生產力很有幫助！正因為我如此在乎自己的生產力，才會堅持做下去。

這些生產力方法對你也會有幫助，但前提是你必須向前邁出一步。雖然我不是什麼心理勵志大師（我再怎麼努力也不可能），但我接下來要說的，可能聽起來像是大師會說的話：如果你想要從變得更有生產力的浪漫想法中，跳到每天完成更多的實際狀態裡，你一定得付出努力。

在此，我盡可能再次說清楚，讓你更加明白：生產力是由三樣東西組成的——時間、專注力和精力。我堅信，知識經濟時代裡最優秀的領導者，將是比別人更懂得善用這三項元素的人。像居里夫人、愛迪生、愛因斯坦、珍古德和賈伯斯等人，竭盡所能在世人眼前展現他們絕佳的創意與發明，但他們跟你我一樣，一天都只有二十四小時。他們之所以跟其他人不同（誠如企業副總裁與員工之間的不同），並不是因為他們每天比別人多出更多的時間。關鍵在於，他們知道如何有效管理自己的時間、專注力和精力，並且持續努力慎用這三項元素。

這不僅適用於過去，同樣也適用於未來。

未來是留給懂得善用這三項生產力元素，且比別人更用心工作的人。

工作生活 BWL044B

最有生產力的一年

The Productivity Project : Accomplishing More by Managing Your Time, Attention, and Energy

國家圖書館出版品預行編目（CIP）資料

最有生產力的一年／克里斯．貝利（Chris Bailey）著；胡琦君譯. -- 第一版. -- 臺北市：遠見天下文化, 2016.07
面； 公分. --（工作生活；BWL044）
譯自：The productivity project : accomplishing more by managing your time, attention, and energy
EAN 4713510943458（平裝）
1. 時間管理 2. 生產效率
494.01 105013085

作者 ── 克里斯．貝利（Chris Bailey）
譯者 ── 胡琦君

總編輯 ── 吳佩穎
財經館副總監 ── 蘇鵬元
責任編輯 ── 許玉意、吳芳碩
封面設計 ── FE設計

出版者 ── 遠見天下文化出版股份有限公司
創辦人 ── 高希均、王力行
遠見．天下文化 事業群榮譽董事長 ── 高希均
遠見．天下文化 事業群董事長 ── 王力行
天下文化社長 ── 王力行
天下文化總經理 ── 鄧瑋羚
國際事務開發部兼版權中心總監 ── 潘欣
法律顧問 ── 理律法律事務所陳長文律師
著作權顧問 ── 魏啟翔律師
社址 ── 台北市104松江路93巷1 號2樓
讀者服務專線 ── (02) 2662-0012
傳真 ── (02)2662-0007；(02)2662-0009
電子信箱 ── cwpc@cwgv.com.tw
直接郵撥帳號 ── 1326703-6號 遠見天下文化出版股份有限公司

電腦排版 ── 李秀菊、黃雅藍
製版廠 ── 中原造像股份有限公司
印刷廠 ── 中原造像股份有限公司
裝訂廠 ── 中原造像股份有限公司
登記證 ── 局版台業字第2517號
總經銷 ── 大和書報圖書股份有限公司 電話／(02) 8990-2588
初版日期 ── 2016年 7 月 29 日第一版第一次印行
2024年 3 月 19 日第三版第二次印行

定價 ── NT$480

（英文版ISBN: 978-1-101-90403-9）

EAN ── 4713510943458
EISBN ── 9786263552067(PDF)；9786263552074(EPUB)
書號 ── BWL044B
天下文化官網 ── bookzone.cwgv.com.tw